U0186745

素食真味

食在好吃编辑部 主编

江苏凤凰科学技术出版社

图书在版编目（CIP）数据

素食真味 / 食在好吃编辑部主编. -- 南京：江苏
凤凰科学技术出版社，2019.6
　ISBN 978-7-5537-9663-5

　Ⅰ.①素… Ⅱ.①食… Ⅲ.①素菜－菜谱 Ⅳ.
①TS972.123

　中国版本图书馆CIP数据核字(2018)第211290号

素食真味

主　　　编	食在好吃编辑部
责 任 编 辑	倪　敏
责 任 校 对	郝慧华
责 任 监 制	曹叶平　　　方　晨
出 版 发 行	江苏凤凰科学技术出版社
出版社地址	南京市湖南路 1 号 A 楼，邮编：210009
出版社网址	http://www.pspress.cn
印　　　刷	天津旭丰源印刷有限公司
开　　　本	710mm × 1000mm　1/16
印　　　张	13
版　　　次	2019 年 6 月第 1 版
印　　　次	2019 年 6 月第 1 次印刷
标 准 书 号	ISBN 978-7-5537-9663-5
定　　　价	49.80 元

图书如有印装质量问题，可随时向我社出版科调换。

在家就可轻松上手的 名店素食

　　清代李渔的《闲情偶寄·饮馔部·素食第一》记载："吾谓饮食之道，脍不如肉，肉不如蔬，亦以其渐近自然也。"这段话道尽了素食的魅力与美味。近年来，"多吃素、少吃肉"成为饮食文化的潮流与趋势，从自助餐、家常菜餐馆、路边摊，到各具特色的名店与大饭店，不同档次的素食餐厅相当普遍。可供选择的素食种类也非常多，如养生菜品、创意素食……吃素者的心态，不仅在追求健康、环保，更在追求无止境的味觉享受。

　　由于本身吃素多年，所以一有好吃的素食餐厅开业，我都会带着尝鲜的心态去捧场。如有一家叫平云山都的全素食饭店，融合了多种地方菜系的创意，让各种食材释放出鲜甘香甜的滋味，让我印象深刻。钰善阁则是融入了东方禅意的宫廷艺术装饰，让素食不只是美味，在视觉上也能给人以震撼与享受。此外，走进汉来蔬食健康概念馆，则让人有置身庄严的殿堂内、享受禅趣的饮食之感。肯定有读者会想："如果在家也能做出名店的菜品该有多好！"可惜的是，虽然主打素食的菜谱书不少，却找不到一本兼顾各家素食名店的特色，以及在家就能轻松制作素食的食谱书。这是因为素食名店的菜品一般人很难模仿，而有些菜品既费工又费时，不是一般人能够完成的。

　　为了将各素食名店的美味与健康带入读者家庭的餐桌，编辑部专门走访了17家颇负盛名的素食餐厅，其中包含阳明春天、松露之家、钰善阁、斐丽巴黎等重量级名店。名店之所以成为名店，名厨自然是不可或缺的因素，所以编辑部动员多组人马，亲自采访了22位顶尖大厨。让各家大厨依据店家各自的理念，为读者量身打造出多道在家就可轻松做出的素食料理。从食材、做法到摆盘建议，除了能简单上手外，亦具名店风

采，让您在家就可一次性吸收各大素食名店的精华！

　　期待这本素食菜谱能满足各位读者的好奇心与亲手烹饪菜肴的渴望。因为，真正的素食味，就是"无肉"才好吃。还在等什么？现在就马上来试试吧！

陈宠君

Contents 目录

单位换算

固体类

1 茶匙 = 5 克

1 大匙 = 15 克

1 小匙 = 5 克

液体类

1 茶匙 = 5 毫升

1 大匙 = 15 毫升

1 小匙 = 5 毫升

1 杯 = 50 毫升

会用香草，美味不老

文｜Sylvie Wang　摄影｜Thomas K.

布佬，取其谐音"不老"，
达观山脚下的发光美食，
以香草与蔬食概念来烹调创意西餐，
成为人们假日养生放松的最佳去处。

大家读过陶渊明的《桃花源记》就会知道，里面描述了一处隐匿人间的纯真净土，人人能安居乐业，丰衣足食。"布佬厨房"取其谐音"不老"，11 年前成为了推广素食的先驱，在这远离城市的山脚下开店，多少有些陶渊明式的意味。

布佬厨房的当家布佬，曾经是一个成功的媒体人。他在 45 岁那年，鼓起勇气退回人生起点，拿起锅铲种起了香草，在自家门口摆起大伞方桌，自此成为达观山脚下的美食传说。

布佬厨房通常是随兴而做，市场上能买到什么就做什么。这就是布佬的健康原则：新鲜与当季。因此，家庭主妇也能轻松在家烹制"不老"美食。比如，卖菜的老太太跟你说今天的西蓝花是她刚摘回来的，鲜着呢，为什么不买一些带回家打成泥，做成一道香醇的"西蓝花巧达汤"呢；剩余的西蓝花可以焖，可以煮，或是做成沙拉里抢眼的配菜。如此一来，不仅解决了每天要做什么的困扰，也兼顾了新鲜和美味。

崇尚自然主义的布佬，经常从生活中、市场里找到烹饪创意的乐趣。除了推广素食外，身为香草协会会员的布佬，还经常把香草加入菜中来展现他的创意。像将西红柿混合罗勒，充

老板布佬热爱烹饪，
更把香草入菜的观念带
进了素食领域。

满了浓郁的海鲜味道；而迷迭香则非常适合用来炖、烤入菜；如"黄金炖饭"，加入姜黄粉，不仅对身体有益，也能使人胃口大开。

　　一道看似简单的"意大利奶油面"，在家做时是不是总觉得过腻？或是香气不够吸引人？那就不妨向布佬学习，把新鲜的西芹里与干西芹分别挑选不同时机加入面中，就能减轻奶油的腻度，品尝起来也更增添一股清爽的感觉。其实，做菜宛如盘中魔法，撒上适合的调味料就能产生"画龙点睛"的效果。如果你家的厨房还只是摆着盐、白糖与酱油，似乎显得单调了些；不妨适当地添加一些香料，作为你做出美味健康菜品的第一步吧！

名店／布佬厨房
名厨／布佬

特色

崇尚自然主义，善用香草，以及新鲜菜肴与当季食材来炮制美味，并独家研发了意大利风味菜品、手工现做的烤比萨等美食，深受大众青睐。

多种蔬菜的清新感，搭配酸甜的橘子酱，清爽得恰到好处；再来一口煎至焦黄的南瓜，使口感与风味更具层次。

4 人份

橘子酱沙拉

食材

苹果片	40 克	什锦水果醋 [2]	1.5 大匙
绿卷须生菜	60 克	橄榄油	2 大匙
奶油生菜	60 克	橘子酱	3 大匙
萝蔓	100 克		
南瓜片	8 片		
西红柿	少许		
坚果 [1]	少许		
柠檬汁	少许		

注 [1] ／核桃、腰果、开心果、葡萄干皆可。

注 [2] ／什锦水果醋可在超市或者网上商城购买。

做法

❶ 锅中放入橄榄油，用小火把南瓜片煎至两面微焦。

❷ 把洗干净的萝蔓、绿卷须生菜、奶油生菜往上堆叠到大盘中，放入苹果片、西红柿、坚果与煎好的南瓜片。

❸ 橘子酱中倒入什锦水果醋。

❹ 搅拌后滴入少许柠檬汁增加香气，然后倒在做法 2 的食材上即可。

／ 小秘诀 ／

南瓜片厚约 0.1 厘米，使橄榄油的香味能完全渗透进去。

／ 摆盘 ／

菜品一层一层堆叠，旁边摆放南瓜片与苹果片，缤纷的色彩更让人垂涎欲滴。

西蓝花与百里香的
香气互相融合，迸
发出新鲜滋味，汤
汁浓稠，却有清爽
无比的口感。

👤👤👤 3 人份
西蓝花巧达汤

食材

蒜末	10 克	盐	1/4 小匙
洋葱丝	30 克	奶油	4 小匙
菜花	50 克	橄榄油	2 大匙
西蓝花	100 克	白酒	2 大匙
百里香	少许	水	1/3 杯
黑胡椒粉	1/4 小匙	鲜奶油	1/4 杯
白糖	1/4 小匙	月桂叶	适量

做法

❶ 热锅后放入橄榄油、奶油，热炒一下后，倒入洋葱丝、蒜末、百里香爆香。

❷ 加水，依次放入西蓝花、菜花，加入黑胡椒粉、白酒与月桂叶提味。

❸ 焖煮 5 ~ 10 分钟到蔬菜软熟。

❹ 把煮好的食材倒入果汁机搅拌约 20 秒，若喜爱有颗粒的口感，可缩短搅拌时间。

❺ 把搅拌好的汤汁倒回锅内，并加入鲜奶油、少许白糖与盐，煮到滚沸即可。

／小秘诀／

最后倒入鲜奶油，可加少许白糖，会有清爽解腻的效果！

／摆盘／

巧达的意思是汤内有块状的食材，如面包丁，或是汤品中保留了些许完整的小朵菜花，这样既能提升口感，也更有饱腹感。

焗烤土豆

食材

土豆	1.5 个	奶油	4 小匙
西蓝花	数朵	黑胡椒粉	1/2 大匙
西红柿	数个	橄榄油	2 大匙
橄榄	少许	白酱	1/3 杯
素火腿	适量	芝士条	适量
盐	1/2 小匙		

做法

❶ 在洗净刨好丝的土豆中加入盐、黑胡椒粉，用手拌匀。

❷ 放入橄榄油、奶油热锅后，把土豆丝平铺在平底锅上煎至两面金黄，此时调为中火。

❸ 把煎好的土豆放入烤盘中备用。把数朵西蓝花烫熟。

❹ 烫熟的西蓝花放在土豆上，加上白酱、芝士条之后，再放入素火腿、西红柿、橄榄。烤箱预热 250℃，烤 6 ~ 7 分钟至芝士焦黄融化即可。

／ 小秘诀 ／

土豆刨成丝后请保持干燥，加水冲洗会洗掉其黏稠的口感！

／ 摆盘 ／

一整片黄澄澄的芝士太过沉重，可以把芝士切成条，或在烤盘上多放一点新鲜的绿色蔬菜做点缀。

浓郁的芝士香渗透到松软的土豆丝中，
每一口都是两种食材的绝配好滋味。

金黄色的饭来自于姜黄粉的上色，无味
但色彩鲜明，扒一口满满的炖饭，多种
素食的清香在鼻息间窜流。

黄金炖饭

👥👥 2 人份

食材

蒜末	10 克	香菜	少许
洋葱丝	30 克	姜黄粉	1/4 小匙
西葫芦块	80 克	黑胡椒粉	1/4 小匙
粳米	1 杯	橄榄油	2 大匙
西红柿块	50 克	白酒	2 大匙
素虾	适量	水	2 杯
荷兰豆	适量		

做法

❶ 热锅后放入橄榄油，热炒一下后，依次倒入洋葱丝、蒜末、西红柿块、西葫芦块、素虾。

❷ 炒出香气后，倒入粳米拌炒，炒至米粒呈现透明带黏性后，停止翻炒。加入黑胡椒粉、白酒、水、姜黄粉与炒好的粳米拌匀。

❸ 焖煮 16 ~ 17 分钟即可，若喜欢锅巴的口感，可再焖煮久一点。

❹ 最后加入荷兰豆、香菜拌炒即可。

／ 小秘诀 ／

拌炒蔬菜时可加入些许白酒，能瞬间提升香气！

／ 摆盘 ／

最后盛盘前加入一些鲜艳的蔬菜，色香味俱全。

👥👥 2 人份

意大利奶油面

食材

洋葱丝	30 克	白酒	2 大匙
香菇片	70 克	鲜奶油	1/4 杯
意大利面	200 克	水	2/3 杯
蒜末	少许	新鲜西芹	少许
奶油	4 小匙	干西芹	少许
芝士粉	1 大匙	酱汁	少许

做法

❶ 热锅后加入奶油拌炒一下，再加洋葱丝、蒜末与香菇片炒出香味。倒入白酒提味。

❷ 再倒入水、鲜奶油，煮约 6 分钟，使香气完全融入汤汁之中。

❸ 再倒入事先煮好的意大利面，焖煮 6 ~ 8 分钟，汤汁稍微收干后，加入芝士粉。

❹ 加入新鲜西芹，起锅前转大火，使其更入味。盛盘后再撒上些许芝士粉与干西芹，以增加其香味与色泽。

／ 小秘诀 ／

用奶油热锅时要用小火，才不会有焦苦味！

／ 摆盘 ／

盛盘时，把意大利面用夹子顺时针方向卷叠起，再把酱汁与炒料淋上，更显大厨的摆盘架势。

特制的奶油酱非常滑顺润口，搭配西芹的清香气息，让人一口接一口地食用，香味四溢却不觉腻。

精致港点，养生首选

文｜杨为仁　摄影｜杨为仁

位于佛陀纪念馆的汉来蔬食健康概念馆，从食材选取到烹调，都以健康养生为最高指导原则，不仅让素食更贴近人体需求，也迎合了大众口味。

　　主厨简正佳融合中西烹饪的精髓，为素菜下了全新的注解。

　　为了做出与众不同的素食菜品，汉来饭店请来有港、沪点心底子的简正佳掌厨。打这以后，汉来饭店名气越来越大。简正佳何许人也？简正佳，厨龄只有15年，资历不算长，履历上也似乎没有什么过人之处。但天才出于勤奋，正是勤奋让他比其他同期的师傅还早独当一面，当上了五星级饭店的主厨。

　　若要问为何会走上厨师这条路，简正佳说，因为爷爷是厨师，小时候家里经常要出去办宴席，耳濡目染之下，自己也对烹饪产生了兴趣。后来读职高机械专业的他，毕业后就想到餐厅找工作。"我甚至跟老板说，只要供我吃饭，不要钱都没关系。"就这样，简正佳成为学徒，开始学做港式点心。

　　因为起步得晚，所以必须更加卖力。"餐饮这个行业，只要比别人努力，就有机会超越别人。"从学徒到副手，简正佳不但比别人多花一倍以上的时间练习，更花钱买书、买器具，甚至请师父吃饭、喝咖啡，这样师父才会教得更多。简正佳说，这也算是一种投资。简正佳练就了扎实的港、沪点心的底子后，因为过去曾待过素食餐厅，对素食并不陌生。接掌汉来蔬食健康概念馆主厨后，亟思突破传统素食窠臼的他，尝试把港、沪点心的做法表现在素食菜品当中，同时又融和异国美味的元素与精神，让汉来蔬食馆的素食呈现出有别于一般素食餐厅的独

港、沪点心底子扎实的
简正佳主厨

特风格。

　　简正佳强调，汉来蔬食馆的素食比山珍海味更美味，因为汉来餐厅不是把素料做成类荤食，而是忠实呈现蔬食的样貌，有别于坊间一般的素食菜肴。汉来蔬食馆的另外一大特色，是融合中西餐饮的做法，精致的港式点心及创意菜品，将吃素变成"吃时尚"。

　　简正佳自信地说："我要让不吃素食的人走进素食馆，也佩服地竖起大拇指，由衷地赞叹素食的美味。"

名店 ／ 汉来蔬食健康
　　　　　概念馆
名厨 ／ 简正佳

特色
善用新鲜、健康的蔬菜、豆类及五谷烹调菜品，让吃素变得和一般餐食的口味几乎一样，让许多原来不喜欢素食的顾客，也能重新认识素食，进而喜欢吃素。

在热腾腾的炸豆腐上淋上"独门酱汁"，酸酸辣辣的滋味，不但可以降低油腻感，还可让口感变得更为丰富。

潮式豆腐沙拉

4人份

食材

黑豆芽	70 克	苹果醋	2 小匙
生菜	70 克	酱油	1.5 大匙
圣女果	70 克	橄榄油	2 大匙
辣椒	1 个	芥末	2 大匙
豆腐	1 块	盐	少许

做法

❶ 豆腐切约 1.2 厘米厚，放入 175℃ 油锅炸成金黄色。

❷ 黑豆芽汆水后放凉，与洗净的生菜和圣女果排入盘中，做成沙拉。辣椒洗净切末，和芥末、酱油、橄榄油、苹果醋、盐一起调制成酱汁。

❸ 豆腐排放在沙拉上，再淋上酱汁即可。

╱ 小秘诀 ╱

豆腐要趁热淋上酱汁，才会更入味。

╱ 摆盘 ╱

下面垫生菜可以吸收酱汁；以长形盘为容器，犹如香蕉船，有视觉加分效果。

4 人份

陈醋香椿脆三丝

食材

食材	用量
香椿嫩芽	20 克
茭白	50 克
金针菇	50 克
杏鲍菇	50 克
鲜笋	50 克
春卷皮	10 张
盐	1/2 小匙
酱油	1/2 小匙
色拉油	4 小匙
味醂	4 小匙
芝麻酱	2.5 大匙
陈醋	3.5 大匙
白胡椒粉	少许

茭白、金针菇、鲜笋等食材切丝快炒，
包进春卷皮里炸酥，再淋上陈年老醋。
外皮酥脆，有外焦里嫩的口感。

／ 小秘诀 ／

油炸食品配以口味酸甜的酱汁，可降低油
腻感。包馅时不要卷得太紧，可炸出较酥
脆的口感。

／ 摆盘 ／

将春卷直立起来，可以凸显它的长度，达
到视觉加分的效果。

做法

❶ 先将茭白、金针菇、杏鲍菇、鲜笋等食
材切丝，并加入香椿嫩芽、盐、白胡椒
粉、酱油和色拉油调味，炒熟后晾凉
备用。

❷ 用春卷皮将食材卷裹成长条状，以
175℃的油温酥炸至金黄色。

❸ 以陈醋为淋酱，味醂和芝麻酱调匀为蘸
酱，摆盘上桌即可。

🧍🧍🧍🧍 4 人份
招牌棠菜饺

> 改良的上海式点心，在面团内拌入新鲜菠菜汁，不但色泽鲜艳，吃起来也更健康。

食材

粉条	30 克	中筋面粉	200 克
花菇	30 克	上海青	300 克
白豆干	50 克	盐	1 小匙
黑木耳	50 克	白糖	2.5 小匙
鲜笋	50 克	白胡椒粉	少许
地瓜	50 克	香油	少许
菠菜汁	80 毫升		

做法

❶ 先将粉条泡发，上海青氽熟冲凉后切碎，白豆干、花菇、黑木耳、鲜笋、地瓜、粉条等切成细丁，混入碎上海青后脱水，加入盐、白糖、香油和白胡椒粉等调味，拌匀后做成棠菜饺馅，放入冰箱备用。

❷ 将中筋面粉放进钢盆，加入菠菜汁后揉成面团。

❸ 把面团分成每个 7 克的分量，擀开后每张皮包入 15 克棠菜馅，入锅蒸 7 分钟至熟即可。

╱ 小秘诀 ╱

菠菜面皮不能久蒸，否则会变黄。也可包小个些，入沸水煮熟后做成棠菜水饺。

╱ 摆盘 ╱

一般以木蒸笼盛装，为求美观也可以改为白瓷蒸笼。

藜麦八宝菜饭

食材

鲜香菇丁	50 克	冰糖	2 大匙
芋头丁	50 克	酱油	6.5 大匙
白豆干丁	50 克	白胡椒粉	少许
高原藜麦[1]	50 克	食用油	适量
玉米粒	50 克	水	适量
上海青	100 克		
玉米笋丁	100 克		
粳米	300 克		
香油	1 大匙		

注[1]／高能量的谷类，几乎包含了人类所需的所有基本营养元素，可到大型的商场、超市或者网上商城购买。

做法

1. 将上海青切丝，粳米、高原藜麦洗净，沥干水备用。热锅加少许食用油，放玉米粒与上海青丝炒香，再加 350 毫升水烧开，一起加入米中。

2. 油锅烧热，下玉米笋丁、鲜香菇丁、芋头丁和白豆干丁炒香，并加入冰糖、白胡椒粉和少许水。

3. 将菜饭盛入砂锅中，铺上做法 2 炒好的丁料，放至炉火上煮开，再加入香油、冰糖和酱油，至闻到焦香味，然后上桌搅拌均匀即可。

／ 小秘诀 ／

菜料可以依个人喜好更换不同食材，若想吃到更多的锅巴，可放置 3 分钟后再搅拌。

／ 摆盘 ／

使用砂锅盛装菜饭，可有保温的效果。

选用珍贵的藜麦加入菜饭，炒香的香菇丁及豆干丁一起放在砂锅中焖烧，锅巴的焦香味令人食欲大增。

萝卜花菇炒圣女果

食材

豆豉	40 克	酱油	1/2 杯
芹菜	75 克	色拉油	4.5 杯
萝卜干	100 克	白胡椒粉	少许
花菇	100 克		
大豆纤维[1]	450 克	**注[1]**／可到大型的超市、商	
圣女果	1800 克	场或网上商城购买。	
盐	2 小匙		

做法

❶ 将萝卜干、花菇、芹菜、豆豉等切碎备用。大豆纤维泡水软化后脱水，切碎备用。圣女果切片，放入烤箱，烤至干熟。

❷ 起热锅加入色拉油烧热，依序放进萝卜干、花菇、芹菜、豆豉和大豆纤维，并翻炒。

❸ 炒至金黄色后，再加圣女果、盐、白胡椒粉和酱油调味，入味后起锅。

／ 小秘诀 ／

油温较高时，用来炒制食物比较健康，使用新鲜圣女果比番茄酱更自然爽口。

／ 摆盘 ／

使用韩式石锅盛装，保温效果佳，且可直接于炉上加热。

使用耐高温的食用油，不怕久炒而变质；加上圣女果的天然甘甜，让整锅菜品吃起来健康又美味。

上海萝卜丝酥饺

食材

花菇丁	30 克	盐	1/2 小匙
起酥油	60 克	白糖	1 小匙
低筋面粉	100 克	胡椒粉	少许
中筋面粉	200 克	白芝麻	少许
白萝卜丝	300 克	水	适量
雪白乳化油	适量		

做法

❶ 将白萝卜丝、花菇丁和盐、胡椒粉拌匀，入蒸笼蒸 15 分钟，放凉备用。

❷ 将中筋面粉、白糖、起酥油、水等放入钢盆搅拌均匀，揉至不黏手后作面皮用；以低筋面粉和雪白乳化油拌揉成油心。

❸ 取做法 2 的水面皮 200 克包入油心 160 克，擀开后卷成长条作为油酥皮；再将油酥皮分切成 42 克 / 份，擀开后包入馅料 45 克，封口处蘸白芝麻，入 170℃油锅，炸至金黄即可。

╱ 小秘诀 ╱

做萝卜馅不能加太多糖，否则会太甜。馅料包制前入冰箱冷藏，较不易出水。

╱ 摆盘 ╱

油炸类食物用平盘盛装，较容易让水蒸气散发。

传统点心的健康改良版，口感酥脆，内馅只以少许盐和胡椒粉调味，不但含油量低，还保留了萝卜的原味。

法式烹饪，感动味蕾

文 | Sylvie Wang　　摄影 | Hedy Chang

老师傅恪守传统地道的法式风味，并取经欧洲各国的经典素食菜品，让许多明星与名人都成为"逛街"的忠实老顾客，会经常上门品尝 18 年来坚持不变的好味道。

做法国菜出身的吴振忠师傅，恪守传统地道的欧式烹饪技法，是老饕们口耳相传的好味道象征。

看老师傅吴振忠做菜是一种享受。利落的刀工，拿铲子信手挥舞着锅里的炒料，快速地盛盘，烹饪过程中有一种熟练的自信。"逛街"原是一对法国夫妻经营，他们现在已很少参与管理这家餐厅了。老师傅吴振忠却舍不得将它关闭，他独自扛起所有责任，与这间餐厅一起成长，一到上班时间就进厨房，18 年来始终如一。

1994 年，吴振忠巧遇来用餐的法国夫妇，他们正在筹备开"逛街"，当吃到吴师傅做的菜后，就知道主厨的位置非他莫属。当年法国夫妇从法国运来一箱箱古董桌椅与居家饰品，把"逛街"布置得相当迷人。18 年来，这些古董摆饰没有变过，现在则成了大家最珍视的复古设计，展现出了老法国的浪漫风情。

位于小巷里的"逛街"，是许多名人不时会来光顾的餐厅，像大 S 的"姐妹帮"、陶晶莹、萧亚轩等都是这里的常客。让他们念念不忘的是吴师傅的一道道拿手菜，如西班牙饭、"逛街"素鹅肝、法式蔬菜饼等。吴师傅说，他的餐点以法国菜为基础，但也会加入许多欧式西餐元素，较为传统且经典，有别于现在流行的创意素食。因为越来越难找到地道的传承口味，"逛街"的存在就显得相当重要。

做法国菜出身的
吴振忠师傅

平时厨房里只有吴师傅一人，所以他做菜的方式如行云流水，看似和平时在家的做饭方式并无不同，但每道菜都像被施了魔法，美味令人意犹未尽。一道"芝士焗南瓜饭"，吃了第一口就停不下来，他说其中的秘诀在于饭不能煮得太软，甚至可以硬一点，这样焗烤起来的味道与口感才会刚刚好；另一道"酸白菜煲锅"，酸菜一定要泡水半小时以上，去掉多余的盐分，这样煲起来的汤头才会鲜美；在做"芦笋空心面"时，吴师傅还特别叮嘱不要把烫过面的水倒掉，因为这就是现成的高汤，加点调料，味道更加鲜美。

　　在经验丰富的老师傅跟前，只需要一下午的时间，就能让你的做菜知识进步不少。汲取老师傅的经验，一道平凡无奇的家常菜，也能变身成可以与米其林等级相媲美的佳肴上桌。

名店 ／ "逛街"法式素食
名厨 ／ 吴振忠

特色

由于老板是地道的法国人，所以餐厅提供的餐点都是非常地道的法国菜，菜肴自然、健康与美味，不添加任何化学调味料，而且标榜原味，不做过度地调味。

使用空心面条吸饱调味汤汁，
加上少许素蚝油，口感弹滑，
又能品尝到芦笋的清爽味道。

👥 2 人份

芦笋空心面

食材

空心面	150 克	黑胡椒粉	1/2 小匙
胡萝卜片	30 克	香菇精	1/2 小匙
芹菜片	20 克	素蚝油	1 小匙
芦笋段	20 克	盐	2 小匙
香菇片	20 克	食用油	1 大匙
百合	少许	高汤	1/2 杯

做法

❶ 把空心面过水，烫过备用。

❷ 热锅后加食用油，先放胡萝卜片爆香，再加入芹菜片、芦笋段、香菇片拌炒。

❸ 放入黑胡椒粉、香菇精、盐与素蚝油调味，再加入高汤，最后放入做法 1 过水后的空心面，小火炒到水收干。

❹ 最后撒上适量百合即可。

／ 小秘诀 ／

煮完空心面的水不要倒掉，可当成做法 3 的高汤调味。

／ 摆盘 ／

空心面较意大利面更难摆盘，可把绿色的芦笋堆叠在面的上方，视觉上会显得清爽许多。

香煎杏鲍菇

食材

茭白	1 根
杏鲍菇	3 大朵
土豆	3 片
盐	1/2 小匙
香菇精	1/2 小匙
黑胡椒粉	1 小匙
奶油	2 大匙
水	1/4 杯
食用油	适量
西蓝花	少许

做法

❶ 加食用油热锅后，把切片的杏鲍菇、茭白、土豆放入锅中煎熟。

❷ 放入奶油、黑胡椒粉、盐、香菇精与水，一同焖煮，等水收干一些后起锅。

❸ 倒入烤盘，放入预热 200℃ 的烤箱中，烤约 10 分钟即可。

杏鲍菇饱满肥厚，香汁四溢，看似简单，却能将美味完美融合。

╱ 小秘诀 ╱

可先在杏鲍菇梗上刻刀，会较易熟透！

╱ 摆盘 ╱

使用堆叠的方式可增加菜品的立体感。可在摆盘时放入西蓝花，会更加美观。

酸菜炖蘑菇豆腐

👥 2 人份

> 海带高汤与酸菜堪称绝配，既清爽又口感丰富，再融入草菇、豆腐的鲜味，是一道不可多得的汤品。

食材

酸菜	1/4 棵	高汤¹	2 杯
豆腐	2 块	水	3/4 杯
草菇	4 朵	胡椒粉	少许
年糕	适量		
魔芋	适量	注 ¹／可到各超市或
干海带芽	少许	商场购买。

做法

❶ 把酸菜切成大片，草菇对半切块，备用。

❷ 把酸菜、豆腐、草菇、年糕、魔芋放入锅中，加入高汤及水，与料齐平，放置火上煮熟。

❸ 加入胡椒粉提香，待煮开即可。

❹ 最后放上干海带芽即可。

／ 小秘诀 ／

酸菜先泡水半小时以上，去掉多余的盐分，这样煲出来的汤头才会鲜美。

／ 摆盘 ／

可使用铁锅或砂锅来保持温度。

咖喱炒土豆西红柿

食材

西蓝花	1/4 个	姜黄粉	1 小匙
菜花	1/4 个	盐	1 小匙
土豆	1/2 个	香菇精	1 小匙
西红柿	1 个	白胡椒粉	1 小匙
茭白	1 根	蚝油	1 小匙
秋葵	3 小条	咖喱粉	1 大匙
茄子	5 小块	椰奶	2/3 杯
瓠瓜	适量	水	1/4 碗
红辣椒粉	1/2 小匙	柠檬叶	2 小片

做法

❶ 先把西蓝花、菜花、茄子、秋葵、茭白、瓠瓜切块，烫熟后捞起备用。

❷ 将咖喱粉、红辣椒粉、姜黄粉下锅爆香，然后放入柠檬叶丝、西红柿块、土豆块一同拌炒。

❸ 加入水、盐、香菇精、白胡椒粉、蚝油与椰奶调味。

❹ 再把做法 1 烫熟的蔬菜下锅，炖煮至入味即可。

╱ 小秘诀 ╱

在做法 1 的水中加入一点盐，可提升蔬菜鲜味。

╱ 摆盘 ╱

最后可再加上一点红辣椒粉，增加视觉效果。

来自东南亚的椰浆把咖喱衬托得完美无瑕，汤汁成为了整道菜的精华所在，放上多种蔬菜一起炖煮，相当入味。

芝士焗南瓜饭

食材

南瓜	1 个	奶油	2 大匙
米饭	1 碗	芝士条	适量
南瓜泥 ¹	1 碗		
红辣椒粉	1 小匙		
盐	1 小匙		
胡椒粉	2 小匙		

注¹／把切块去皮的南瓜放入电锅中蒸软,搅拌以保留其纤维口感,或以果汁机打成泥备用。

做法

❶ 用奶油热锅,把 1/4 个南瓜削皮切丁,放入锅中热炒,剩余的南瓜挖空备用。

❷ 等南瓜炒至软化后,放入米饭拌炒,并加入胡椒粉、盐、红辣椒粉,炒至上色。

❸ 将炒好的米饭装入南瓜壳中,把南瓜泥放入锅中炒热后,平铺在米饭上。

❹ 再撒上芝士条,放入预热 180℃的烤箱内,烤至芝士条融化即可。

／小秘诀／

饭不要煮太软,甚至可以硬一点,这样焗烤起来的味道与口感才会恰到好处!

／摆盘／

喜欢吃芝士的人可多铺一点,让芝士融化后流到烤盘上,看起来更加可口。

拉丝的芝士下，米饭融合了南瓜的香气，散发着迷人的香醇气息，让人胃口大开。

新派川菜，因融合而被青睐

文｜陈亮君 李俞　　摄影｜薛展汾

来平云，看天地有多大、世界有多美；
来平云，重拾天伦之乐，回归最纯朴的赤子之心。
让平云的菜色进入您府上的餐桌，
化为家中一道道美食盛宴。

　　平云山都是一家主打纯素食的餐厅，上百道结合地方特色的菜品，在口耳相传间，知名度逐渐扩散开来。饭店的留言板上记录着曾经造访过的名人与明星的签名留影，这也是其知名度的见证。

　　这里集结了数十位功力深厚的大厨，通过多年持续不断地研发，以川菜融合各地特色的方式，将素食提升至另一种境界。除此之外，这里的每道菜品都被看作是餐厅献给每位顾客的礼物，因此大厨们必定严选食材、细致烹调，努力为环保、自然与美味用心付出。

　　此次由陈柏洋主厨亲自领军，为读者"献方"。陈主厨拥有 30 多年西餐底子，加上在平云山都 6 年以上的掌厨经验，以川菜为本，融合了云南菜、粤菜、客家菜等地方菜系，将中式菜品化成一道道美味佳肴。一走进厨房，强大的厨师阵容依照现炒、煲汤、冷盘、面点等部门井然有序地分工，随着远方传来山林间林木随风而起的沙沙声，专业烹饪所带来的视觉震撼，有如电影大片般让人难忘。大厨们之所以如此专心与专注，展示的不仅仅是精湛的烹饪手法，更缘于他们都有一颗热爱素食的心，他们想把自己对素食的热爱，通过一道道色香味俱全的菜品传递给读者。

　　为了让喜爱素食的读者在家就可做出美味佳肴，平云山都提供了包含主菜、汤品、面点等多道菜谱。如可当主食的"酱油炒饭""平云素蒸饺";主菜"京都素小排""龙珠镶白玉""宫保猴头菇""凤眼山苏""泰式酱豆包";特殊的"葡汁乳酪煲""玫瑰豆沙包";以及汤品"富贵长寿汤"等,将该餐厅的名菜一一公开并呈现在读者的面前。面点师夏荃彬师傅更是亲自示范了揉面团与制作包子皮的方法。夏师傅手艺极巧,精致的平云蒸饺及玫瑰细沙包都出自他的手中。

平云山都不只希望顾客能多来餐厅用餐,也进一步地期待读者除了来店里享受美味外,还能将平云山都的素食精神带入每个家庭当中。

名店 ／ 平云山都中餐厅
名厨 ／ 陈柏洋、夏荃彬

特色

不仅供应素食,而且严禁荤食和香烟,是极重品味的素食饭店。它所提供的食材精美,加上环境清幽,能够让人很快进入宁静自然的进餐时间。

用番茄酱调和的酱汁，搭配素小排的扎实口感，酸酸甜甜的滋味，大人、小孩都爱吃！

京都素小排

👤👤👤👤 4人份

食材

素小排 [1]	220克	番茄酱	2大匙
黑芝麻	1小匙	色拉油	适量
白芝麻	1小匙		
乌醋	1小匙		
白糖	2小匙		
黄瓜片	少许		

注 [1] ／由小麦、大豆蛋白、淀粉、地瓜粉、植物性香料所制。各大商场、超市有售。

做法

❶ 先将素小排以色拉油炸至表面金黄。

❷ 倒入白糖、乌醋、番茄酱拌炒。

❸ 起锅盛盘，并撒上黑芝麻、白芝麻作为点缀即可。

／ 小秘诀 ／

素小排不要炸得过干，大约30秒就可起锅。

／ 摆盘 ／

可用黄瓜片围边作为装饰。

4 人份

龙珠镶白玉

食材

罗勒	5 克	西红柿	少许
甘树子 [1]	100 克		
豆腐	300 克		
色拉油	1 大匙		
酱油	2 大匙		

注 [1] ／甘树子是树木破布子果实的加工产品。建议选购块状的甘树子，可到各大商场、超市购买。

做法

❶ 将甘树子压入豆腐中。

❷ 热锅后放入色拉油，将豆腐放入锅中，半煎半炒至微焦。

❸ 再用酱油从锅的周围淋下炝锅。

❹ 最后加入罗勒略微翻炒即可。

／ **小秘诀** ／

豆腐去水分后，较能炒出香气。罗勒先去除梗的部分，食用时较易入口。

／ **摆盘** ／

建议用白瓷盘装盘，另可用西红柿切片围边装饰。

豆香十足的豆腐与甘树子的特殊甘味交融，口感犹如炒蛋般滑嫩；加入酱油和罗勒，它的香气让人无法抗拒！

香炸酥脆的猴头菇，附着辣而不呛的干辣椒与酱汁，口感弹爽，香气四溢，是下饭的最佳拍档。

宫保猴头菇

食材

干辣椒	7 克	白醋	2 小匙
莴笋	20 克	番茄酱	4 小匙
猴头菇[1]	220 克	酱油	1 小匙
莴苣	少许		
黄瓜片	少许		
色拉油	1 杯		
素蚝油	1 大匙		

注[1]／建议采用目前市售的真空包装猴头菇，因其已经过处理，方便烹饪。可到商场或超市购买。

做法

❶ 使用食物脱水机或以手按压的方式让猴头菇脱水，下油锅炸至表面金黄，捞起沥干备用。

❷ 干辣椒下油锅爆香。

❸ 加入酱油及莴笋，一同拌炒。

❹ 再加入素蚝油、白醋、番茄酱及猴头菇，拌炒至均匀上色即可。

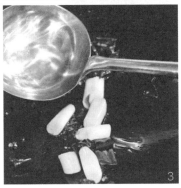

／ 小秘诀 ／

干辣椒需先爆香，才更有味道。

／ 摆盘 ／

可以用莴苣等绿叶类菜或黄瓜片铺底摆盘。

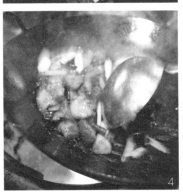

57 ｜ 肆 新派川菜，因融合而被青睐

富贵长寿汤

食材

火腿片	10 克	姜片	50 克
杏鲍菇	40 克	素丸子	90 克
笋片	50 克	酸菜片	180 克

高汤

芹菜	30 克	水	5 杯
白萝卜	150 克	老姜	10 片
胡萝卜	150 克	盐	1/2 小匙
圆白菜	150 克	香菇粉	1 小匙
甘蔗	300 克		

做法

❶ 将各种食材切成适合大小，酸菜片泡水，然后把所有食材放入盅内。

❷ 将老姜、芹菜、白萝卜、胡萝卜、圆白菜、甘蔗及水一起炖煮两小时，即为高汤。

❸ 把高汤加入盅内，和做法 1 的食材一同蒸煮 4 小时，加入盐和香菇粉即可。

使用酸菜煲出的汤品，甘中带有微酸，令人胃口大开，搭配各种面食一起食用，风味绝佳。

/ 小秘诀 /

酸菜泡水不要太久，否则酸味会流失。

/ 摆盘 /

用八角盅或磁盘皆可。

酱油炒饭

简单平凡的炒饭，最后使用酱油炝锅边，瞬间香气满溢，美味度马上提升。

食材

火腿丁	10 克
荷兰豆丁	10 克
杏鲍菇丁	10 克
胡萝卜丁	10 克
米饭	450 克
新鲜粽叶	少许
白胡椒粉	1 小匙
酱油	5 小匙
色拉油	1 大匙

做法

❶ 先将火腿丁、荷兰豆丁、杏鲍菇丁和胡萝卜丁下油锅爆香。

❷ 加入米饭炒透，再加入调味用的白胡椒粉。

❸ 最后在锅边淋上酱油炝锅，略微翻炒即可。

／ 小秘诀 ／

使用酱油炝锅边，炒饭会更香。

／ 摆盘 ／

可在盘子上摆上新鲜粽叶，再盛上炒饭。

平云素蒸饺

食材

粉条末	20 克	中筋面粉	150 克
豆干	20 克	沸水	适量
干香菇	30 克	盐	适量
素火腿	30 克	胡椒粉	适量
上海青	50 克		

做法

❶ 上海青汆烫切碎，粉条末泡软，干香菇泡软切末，豆干、素火腿切末，将上述食材末、盐及胡椒粉一起炒过后拌匀，即为馅料。

❷ 将中筋面粉加入沸水中，拌揉成面团。

❸ 将面团分割成数块，搓成长条状后再分成小块，每块约 13 克，擀成面皮。

❹ 包入馅料并封口，蒸 10 ~ 15 分钟即可。

／ 小秘诀 ／

上海青需将水分脱干。

／ 摆盘 ／

用蒸笼直接装盘。

薄薄的面皮包着丰富的馅料，不仅外形饱满，营养也很丰富。

天然玫瑰露加红曲酱做成的
玫瑰细沙包，淡淡的玫瑰清
香，带着自然的原味，每一
口都幸福又满足。

🧍1人份
玫瑰细沙包

食材

酵母粉	2 克	水	适量
红豆沙	15 克	红曲酱	少许
中筋面粉	20 克	玫瑰露	少许

做法

❶ 将红曲酱和酵母粉加入水中拌匀。

❷ 将做法 1 中的水加入中筋面粉中拌揉，可再加入少许红曲酱，以增加色泽。

❸ 以保鲜膜覆盖面团，发酵约 30 分钟。然后再次拌揉，重复以上拌揉及发酵的步骤 3 次。将面团分割成数块，搓成长条状后再分成小块，每块约 20 克，做成面皮。

❹ 把玫瑰露加入红豆沙做成馅，在面皮中包入玫瑰露红豆沙馅，再放置 20 分钟，之后蒸 10 分钟即可。

╱ 小秘诀 ╱

注意面团发酵时间，夏天约半小时，冬天可用 40 ~ 60 分钟。

╱ 摆盘 ╱

用蒸笼直接装盘。

结合椰子肉和椰浆调煮的咖喱酱，香醇鲜美，乳酪豆腐及椰浆本身的味道香浓，不需太多调味就很美味。

椰肉炖乳酪豆腐

食材

荷兰豆	15 克
椰子肉	25 克
西红柿块	30 克
乳酪豆腐[1]	150 克
盐	1/2 小匙
香菇粉	1 小匙
咖喱粉	1 大匙
水	1.5 杯
椰浆	1 小匙

注[1]／或称牛奶豆腐，可至超市或商场购买，也可自己在家做。配料：豆腐 150 克、牛奶 200 毫升、盐少许、白糖 1 匙、葱花少许、味精少许。做法：把豆腐放在牛奶中煮，沸腾后，依照自己的口味加入调味品即可。

做法

❶ 先以干锅炒咖喱粉。

❷ 加入水，和咖喱粉调成酱汁。

❸ 加入椰子肉、乳酪豆腐、西红柿块同酱汁熬煮 5 分钟，再放入荷兰豆。

❹ 最后加入椰浆、盐、香菇粉调和一下即可。

／ 小秘诀 ／

荷兰豆最后再放，可保持其翠绿。

／ 摆盘 ／

可另用白砂锅装盘。

美食抗氧化，肌肤不衰老

文｜王莎莉　摄影｜吴金石

最细微的饮食习惯，成就最大的健康哲学；
不遗余力研究抗氧化饮食的老板吴谦信，
用荷兰豆花，
告诉你美食的真谛。

老板吴谦信研究抗氧化食品多年，他希望自己做的美味能让客人更健康更漂亮。

这次见到吴谦信，他已经不再是"青春之泉"的老板，而在专心经营他的"幸福豆云"豆花专卖店。可能很多人会问，只卖豆花能赚钱吗？吴老板推广抗氧化饮食二十余年，对他而言，让顾客吃到一碗更健康、会变漂亮的豆花，就是对他最大的回馈。

我们还可以到"幸福豆云"去吃一碗有机豆花，就是因为这道甜品销量太好，吴老板才另辟新店，专卖豆花。"幸福豆云"的豆花全都是由吴老板的"太阳牧场"所生产，黄豆的种植处必须在长久以来无污染的土地、环境与气候要温暖适中、不能加入化学肥料的三大原则下，并拿去检验合格后，才敢大大贴出"有机"二字。

人体肠道如果健康，内脏排毒功能就会好，自然精神佳、皮肤也透亮有光泽，而豆花是清理肠道的清道夫。此外，吴老板的"太阳牧场"是一家专做发酵乳制品的工厂，致力于研发酸奶。好的发酵酸奶会帮助人体代谢有害物质，适当饮用，同样有利于人体健康。所以吴老板在做菜的最后，都会淋上一些酸奶，不仅提味，更能补足素食者容易缺少的蛋白质。

吴老板烹制的菜品以大量的蔬果为基底，并善用天然香料来增加色泽与风味，看似简单，其实每一道菜都有独特的健康意义。制作一道"蔬果通心粉"，在过水烫熟通心粉时，吴老板先加入了一匙姜黄粉，具有保健、净化血液等功能；另一道"五菇意大利面"，使用五种菇类的用意在于对免疫系统的保护，适量摄取能使人的精神变好，肤质更为明亮；另外，"水果酸奶"中特别使用外皮已长斑点的香蕉，吴老板说，这样才会有更好的抗氧化效果。美味是大厨追求的高深境界，但是如果能更了解食材的营养与特色，就能让做菜的乐趣进一步提升。

名店／幸福豆云
名厨／吴谦信

特色

以抗氧化美食为主，豆花全都由自己家的牧场供应，酸奶也是自己家的工厂提供，让每一道食物都变成一道能够养生祛病的"不老菜肴"。

🧍1人份

水果酸奶

食材

哈密瓜	1 片
香蕉	1 根
苹果	1/2 个
圣女果	数个
酸奶	2 大匙
盐水	适量

做法

❶ 把所有水果切好，并将苹果泡入盐水中约 15 分钟。将水果放入盘中摆盘。

❷ 最后淋上酸奶即可。

> 精心搭配的各种水果，兼具不同营养成分，淋上酸奶，既美味又健康。

╱ 小秘诀 ╱

香蕉要选择外皮已有斑点的，才会有更好的抗氧化效果！

╱ 摆盘 ╱

用深器皿摆盘，最后淋上酸奶即可。

👤1人份
南瓜汤

南瓜汤中加入姜黄粉，既能提香，又能去除浓汤的甜腻感。

食材

胡萝卜	1/2 根	酸奶	少许
南瓜	1 小个	水	4.5 杯
圣女果	8 颗		
牛至粉 [1]	1/2 小匙	注 [1]／可到商场、超市购买。	
姜黄粉	1 大匙		

做法

❶ 先将南瓜、圣女果、胡萝卜切小块备用。

❷ 南瓜、胡萝卜和圣女果倒入汤锅中，加水焖煮，水量约为食材高度的 3 倍处，加入牛至粉、姜黄粉。

❸ 把煮熟的材料倒入果汁机中，搅拌后即可。

／ 小秘诀 ／

在做法 2 中放入牛至粉可提香！

／ 摆盘 ／

可利用酸奶画出各种图案，增加汤品的视觉效果。

蔬果通心粉

👥 2 人份

食材

食材	用量
通心粉	150g
西葫芦	1/4 个
菠萝	1/4 个
娃娃菜	1/4 小棵
杏鲍菇	3 小朵
红椒	3 片
芦笋	少许
姜黄粉	1 大匙
牛至粉	1/2 小匙
葡萄籽油	1 小匙
橄榄油	1 小匙
黑胡椒粉	1 小匙
盐	1 小匙
番茄酱	1 大匙
水	1 杯

> 通心粉吸饱调味汁液，爽滑可口，而蔬菜又增加了通心粉的鲜味。

做法

❶ 在煮开的水中放入姜黄粉，再下通心粉，烫熟备用。

❷ 将西葫芦、菠萝、杏鲍菇、红椒、娃娃菜切块后，下冷锅拌炒，再放入葡萄籽油、橄榄油，热炒至食材熟透。

❸ 放入番茄酱、牛至粉、黑胡椒粉、盐与水等调味料拌炒，焖 15 分钟，等水分快收干时，再倒入通心粉焖煮 2 ~ 3 分钟，最后开大火拌炒即可。

╱ 小秘诀 ╱

做法 1 先加入姜黄粉，再煮通心粉，不仅能使其均匀染色，且可达到保健的功效。

╱ 摆盘 ╱

最后可加上汆烫过的芦笋作为摆饰，视觉上更具层次感。

银耳豆花红豆汤

👤1人份

豆花是肠道清道夫，红豆能补血，银耳有滋阴润肺作用，这是一道不错的营养汤品。

食材

豆花	半碗
红豆	30 克
干银耳	5 克
红糖	3 大匙
冰糖	5 克
水	适量

做法

❶ 干银耳泡水约半小时，把蒂剪掉。

❷ 把红豆与水依 1 ：3 的比例放入高压锅中，煮开后焖 10 ~ 15 分钟。依照个人喜好，在红豆汤内酌量加入红糖。

❸ 银耳放入锅中，煮至散开，同样依照个人喜好酌量加入冰糖，最后加入豆花中即可。

／ **小秘诀** ／

如果没有高压锅，可用热水泡红豆约 20 分钟，豆与水依 1 ：3 的比例放入电饭锅中，焖煮 30 分钟。

／ **摆盘** ／

搭配深碗或清爽的器皿盛装即可。

五菇意大利面

食材

意大利面	1把	西红柿	少许
金针菇	1包	酸奶	少许
杏鲍菇	1朵	姜黄粉	1大匙
雪白菇	1束	黑胡椒粉	1小匙
芦笋	2根	盐	1小匙
口蘑	3朵	葡萄籽油	2小匙
秀珍菇	4朵		

做法

❶ 把所有菌类切片备用。

❷ 水烧开后放入姜黄粉，再放入意大利面，煮约4分钟，捞起备用。

❸ 先把菌类放入热锅内拌炒，再加入少许葡萄籽油。

❹ 把烫熟的意大利面拌入热锅内，加入黑胡椒粉、盐调味即可。

╱ 小秘诀 ╱

购买口蘑可选择表皮有鳞片状的，代表未经过化学加工，较天然。

╱ 摆盘 ╱

最后可再加上芦笋、西红柿与酸奶，使摆盘色彩更丰富。

使用五种菌类的用意在于提高人体免疫力，摄取适当菌类食物能使人的精神变好。

陆

地道南法菜式，传统南法美食

文｜王莎莉　摄影｜吴金石

斐丽巴黎厅怀旧的法式气氛，成为老饕的必
去之处。品尝着地道的南法菜，一口一口，
带出暖暖的人情风味，
以及老板徐因的游法故事。

老板徐因曾到法国游历学厨，并将地道的南法风味菜带回中国台湾。

在素食尚未兴起的时代，斐丽巴黎厅的老板徐因已在自家餐厅的牌匾上写上"素食"两个大字，引来不少人的关注。

她的这种做法可能跟她"浪迹天涯"的背景有关，也可能跟她的从业经历有关。曾经是媒体人的她，总会有很多天马行空的联想，而斐丽巴黎厅则是她展示法式素食的舞台。这家餐厅从装饰到陈设，从口味到摆盘，没有哪一个细节不是按照南法餐厅的要求去做的。即便是在法国，最正宗的餐厅也莫过如此。

徐因曾经有一段在法国生活的经历，那段在法国的日子，彻底改变了她的人生态度。她不再盲目地为钱而工作，而是跟随着梦想前进。在法国，只要是能增进厨艺的地方，她都肯去。她曾经到饭店打杂，只为了偷学法餐的做法；或为了学习葡萄酒的知识，而成为葡萄园里的临时工。又由于拥有对烹饪的热爱，才有了这间斐丽巴黎厅的诞生。

很多人听到法国菜就觉得很费时，但徐因并不那么认为。徐因说，过去的人都需要干活，哪有时间在烹饪上多花心思？只能将所有能补充精力的食材放到一起炖煮。所以南法菜真正讲究的部分，在于调味与高汤的熬制。

曾亲至法国游历学厨的
徐因老板

南法人的菜肴中不能没有汤。南法汤品不仅层次丰富，营养也很丰富。例如"伯爵西蓝花蘑菇浓汤"，除了西蓝花、土豆之外，还会加上多种香料调味，但最特别的"秘密武器"则是坚果，可选择杏仁片或生核桃，打成泥加入汤中，喝起来多了分清香，更点缀出浓汤细腻的层次。至于经典中的经典——"普罗旺斯乡村炖菜"，做法则相当容易，可选择多种当季时蔬，切成大块下锅烹煮，并依传统做法加入少许红酒调味，不仅能增添香气，更能增加蔬菜的甜度。

　　南瓜也是南法菜中不可缺少的食材，一道"香栗南瓜炖饭"，经过徐因的不断尝试，用杂粮饭代替传统大米，劲道弹滑的杂粮饭搭配炖到松软的南瓜，口感更臻完美。"小米沙拉芦笋卷"则使用家庭主妇较少用到的小米与牛油果，风味更为独特，并具饱腹感，是非常适合爱美又怕胖的人品尝的瘦身凉菜。

名店／斐丽巴黎厅
名厨／徐因

特色

回归自然健康又不失美味的诉求，取法国菜的烹调技法和呈现方式，开启了一条新的餐饮风格派别——素食，首创了独一无二的素食法国菜。

凉拌好的小米充满淡雅的香味，不会抢走芝士卷的浓郁风格，又能提升前菜的丰富感。

小米沙拉芦笋卷

👤1人份

食材

帕玛森芝士	200 克	白糖	1 小匙
芦笋	300 克	酸豆	1 小匙
小米	100 克	油醋汁	1 大匙
小黄瓜	1/2 条	酸黄瓜	1/2 条
牛油果	1/2 个	原味酸奶	1 盒
苹果	1/2 个		
香菜	少许		
盐	1 小匙		

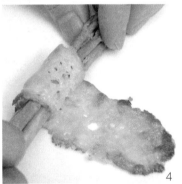

做法

❶ 小黄瓜切丁，香菜切碎末，芦笋汆烫备用，芝士切成长条丝，放入烤箱烤熔成长宽板形状，冷却后使用。

❷ 半个苹果切片，放入烤箱烤 15 分钟，放凉备用。小米洗净，泡水 20 分钟。水煮沸，将小米煮到爆裂后，将水倒出滤干。

❸ 将小米、小黄瓜丁、香菜碎末、切碎的酸黄瓜与酸豆，加入盐、白糖、油醋汁一起拌匀。再将拌好的小米沙拉填入模型杯，倒扣至盘中成形。

❹ 把芦笋卷进冷却后的芝士片中。

❺ 牛油果切片，置于烤苹果片上，淋上原味酸奶，与芝士芦笋卷、小米沙拉一起盛盘即可。

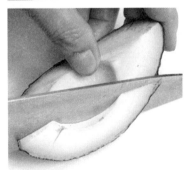

╱ 小秘诀 ╱

摆盘时，倒入原味酸奶后，可加淋自己喜爱的酸奶酱口味！

╱ 摆盘 ╱

可使用红椒粉与西芹粉点缀，为摆盘增加色彩。烤苹果与牛油果可让菜品的口感更为清爽。

菜花蘑菇浓汤

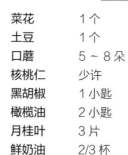

食材

菜花	1个	高汤[1]	6杯
土豆	1个	荷兰芹（香芹）少许	
口蘑	5～8朵		
核桃仁	少许		
黑胡椒	1小匙	**注[1]**／高汤可使用大量蔬果	
橄榄油	2小匙	与香料，如胡萝卜皮、西红	
月桂叶	3片	柿、西芹、月桂叶，并加入	
鲜奶油	2/3杯	2500毫升水，下锅熬煮90	
		分钟即成。	

做法

❶ 锅烧热后放月桂叶，加入橄榄油提香。

❷ 菜花切成小朵，土豆切块，口蘑切块，放入做法1的油锅中拌炒。再加入高汤，煮开即可。盛出前先把月桂叶捞起，才不会影响口感。

❸ 把做法2的食材及鲜奶油放入果汁机，搅拌成泥即可。

／小秘诀／

可事先把核桃仁或烤过的杏仁片用果汁机打成泥，再调入汤中，能增加香气。

／摆盘／

可选用充满南法特色的小炖锅装汤，充满阳光气息。

使用月桂叶提香后，让汤汁散发些微的香料气息，丝滑口感中带着阵阵余韵。

用杂粮饭代替大米饭，滑弹的杂粮饭搭配炖到松软的南瓜，口感上更加适宜。

4人份

香栗南瓜炖饭

食材

芝麻	5克	长粒香米	半杯
核桃仁	30克	盐	1小匙
杏仁片	30克	黑胡椒粉	1小匙
干香菇	50克	橄榄油	2大匙
栗子	200克	白酒	1/5杯
南瓜块	250克	高汤[1]	5杯
西芹丁	少许	坚果	少许
杂粮米	1/3杯		
黑麦	1/3杯		
荞麦	1/3杯		
燕麦	1/3杯		
糙米	半杯		

注[1]／高汤可使用大量蔬果与香料，如胡萝卜、西红柿、西芹、月桂叶，并加入2500毫升水下锅炖煮2小时制成。

做法

❶ 干香菇洗净泡软15分钟后切片，与橄榄油、西芹丁一起下锅炒香。

❷ 放入栗子、南瓜块，同时加入盐和黑胡椒粉，热炒至两面微焦黄。

❸ 加入洗净的杂粮米（黑麦、荞麦、燕麦、糙米、长粒香米），在锅中翻炒5分钟，再加入高汤，盖过锅内食材即可，然后盖锅盖焖煮至沸腾。

❹ 转小火煮至米饭熟透，再拌入烤熟的核桃仁、杏仁片与芝麻即可。

／ 小秘诀 ／

杂粮洗干净后，泡水30分钟，在煮的时候比较容易熟。

／ 摆盘 ／

先把杂粮饭铺于锅中，再摆放栗子与坚果，可增加视觉上的立体感。

1-1

1-2

2

3

👥👥👥 3 人份

普罗旺斯乡村炖菜

食材

菜花	1 个	橄榄油	2 小匙
口蘑	200 克	酱油	2/3 杯
南瓜	250 克	红酒	1 杯
红辣椒	1/2 个	迷迭香	少许
黄辣椒	1/2 个	百里香	少许
大白菜	1/2 棵	盐	少许
圆茄	1 个	高汤[1]	
杏鲍菇	1 个		
西葫芦	1 个		
鲜香菇	3 朵		
干香菇	3 朵		
黑胡椒	1 小匙		
白糖	1 小匙		

注[1]／高汤可使用大量蔬果与香料，如胡萝卜皮、西红柿、西芹、月桂叶，并加入2500 毫升水，下锅熬煮 90 分钟制成。

做法

❶ 先浸泡干香菇 15 分钟。把各种食材均洗净，分别切大块或条状待用。

❷ 把干香菇切丝，用橄榄油爆香，放入其他所有食材下锅炒香。

❸ 加入酱油、黑胡椒、白糖和盐炒匀，加入红酒，盖上锅盖焖煮 20 分钟即可，盛盘时可撒上些许迷迭香与百里香。

／ 小秘诀 ／

在焖煮时加入红酒，可增加蔬菜甜味，使菜品香气更足。

／ 摆盘 ／

仿照南法豪放的摆盘方式，每一口都能吃到多种蔬菜，让人大感满足。

选择多种当季时蔬，切成大块后下锅烹煮，满满一锅的材料，展现出老祖母对儿孙的疼爱与怜惜。

南法人喜欢把所有食材一起
炖烤，让蔬食汤汁混合，风
味更独特。

👥 2 人份

时蔬烤蘑菇

食材

西葫芦	1 个	口蘑	3 大朵
芦笋	3 根	黑胡椒粉	1 小匙
西芹	2 根	盐	1 小匙
杏鲍菇	1 朵	橄榄油	少许

第戎芥末酱

芥末籽	1 大匙	蜂蜜	1 大匙
黄芥末酱	1 大匙	柠檬	少许

做法

❶ 把食材洗净滤干，西葫芦、杏鲍菇纵切，西芹切大段，和口蘑、芦笋一起放在烤盘上，撒上盐、黑胡椒粉，淋上少许橄榄油。

❷ 放入预热 250℃ 的烤箱，烤 15 ~ 20 分钟。

❸ 烤熟后再拌上 1 匙橄榄油，盛盘时淋上第戎芥末酱即可。

／ 小秘诀 ／

食材烤熟后可加入些许香料，如罗勒、百里香、迷迭香等，香气会更迷人。

／ 摆盘 ／

将同一种类的蔬食摆放在一起，看起来更加井然有序。

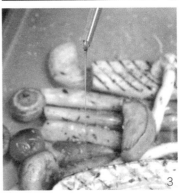

美食无国界，融合美味融合爱

文 | 王莎莉　　摄影 | 吴金石

从慢食与养生的理念出发，
创造出无国界的素食餐饮。
禅风十足，创意无限，让食材能自然呼吸，
让品尝者能吃到"光合作用"一般的味道。

郑光泛主厨以当季食材与原味烹饪为餐点特色，更在餐厅后院种植香草，以供餐厅使用。

如果你厌倦快节奏的城市生活，不妨到那里去静养一会儿。因为那里不仅是心灵休憩的圣地，也是休整肠胃的最佳去处。在那里，有丰富的植被、良好的生态环境，也有着众多的素食餐厅。近年来，随着"慢食"及养生食材的兴起，"阳明春天"就在这种环境下应运而生。

阳光透过绿荫洒在蜿蜒的山路上，一路上山风拂面，光影随行，不一会儿就来到了"阳明春天"。这里占地近5000平方米，规模相当宏大。这里的榻榻米、木质地板等室内外装饰，营造出一种禅意的感觉。

"阳明春天"开业7年，所有食材都取自于当季当令，更有自己的专属农场，尽量保证自己使用有机、生鲜农产品。就连茶叶都是老板陈健宏与主厨郑光泛一起栽种的，就是希望保证顾客能吃到纯天然的食材。

"阳明春天"是一家贴心的餐厅，只要点过"阳明春天"搭配的套餐就能感受到这家餐厅的用心。一般吃素食的人，蛋白质摄取会略显不足，为了均衡这类顾客的营养，"阳明春天"会在甜点中加入现做的甜点豆花，贴心到了极致。贴心的另外一个表现，是菜肴的每月一换，永远走在饮食潮流的最前端，

坚持享受当季食材与原
味菜品的郑光泛主厨

即便是回头客也有新鲜感。当然了，"阳明春天"也是饮食潮流的创造者。一道"鲜辣西红柿米形面"融入了世界上最流行的餐饮概念，上头一粒粒像三文鱼卵的食材，是郑主厨使用葡萄汁加入海藻酸钠、钙离子盐调配出来的。

　　"阳明春天"的食材，80％为本土食材，对郑主厨而言，不必舍近求远，现摘最新鲜的野菜就能做出王牌菜品来。一道"甘露鲜笋佐松露盐"，采用夏季盛产的绿竹笋，只需氽烫并煎至金黄，搭配顶级松露盐即可食用，美味又营养。另外，一道"罗勒青酱烤宽卷面"，其中装饰上加入大豆卵磷脂打出的泡沫，不仅让视觉效果更好，更可降低胆固醇，帮助人们解决失眠等困扰。所以做菜时，挑选新鲜食材固然重要，但更要善于利用每道食材与调味品的背后意义，才能领悟健康饮食的美味真谛。

名店 ／ 阳明春天
名厨 ／ 郑光泛

特色

"阳明春天"的素食，不仅可以与传统荤食一样讲究"色、香、味"的厨艺表现，甚至可以追求更高层次、近乎艺术的呈现。

🧑‍🤝‍🧑 2人份

蕨菜煎笋拼盘

食材

蕨菜	50 克
绿竹笋	1 根
松露盐	2 小匙
蔬菜高汤 [1]	1.5 杯

注 [1] ╱可使用圆白菜、玉米、胡萝卜等具有甜味的蔬菜熬煮制成。

做法

❶ 先将绿竹笋去皮，氽烫 70 分钟，再把笋头切掉，顺纹路把笋肉剥下后切块，并使用牙签固定。

❷ 将笋块煎到金黄，加入蔬菜高汤煨煮约 20 分钟，放凉后，再将烫熟的蕨菜与笋肉盛盘即可。

> 绿竹笋的鲜甜搭配顶级松露盐，颠覆传统的新组合。

╱ 小秘诀 ╱

氽烫完的绿竹笋直接放凉而不泡冰水，口感上略带梨味。

╱ 摆盘 ╱

把笋壳留下作为盛盘器皿，并放上松露盐为佐料蘸食，相当美味。

👤1人份

香蕉杏仁奶果冻

香蕉搭配杏仁及鲜奶，可创造出不同的口感与层次。

食材

南杏仁	12 克	果冻粉	2 小匙
香蕉	60 克	鲜奶	1/6 杯
冰糖	1 小匙	水	1/6 杯
杏仁粉	1 小匙	杏仁露	少许
鲜奶油	2 小匙		

做法

❶ 先将南杏仁放入冷开水中泡水 6 小时，把浸泡好的南杏仁用果汁机打碎过滤，备用。

❷ 将杏仁粉、杏仁露、鲜奶油、鲜奶、果冻粉、冰糖和香蕉、南杏仁碎煮开后，放凉即可。

╱ 小秘诀 ╱

用芭蕉能使风味更突出。

╱ 摆盘 ╱

可把煮开的南杏仁、香蕉倒入深容器中冷却，即可定型。

米形面的口感搭配西红柿、鲜辣汁的组合，再配上芝士粉煎成的饼干，每一层口感均有变化，唯一不变的是新鲜爽口。

鲜辣西红柿米形面

👤1人份

食材

米粒形意大利面	50 克	葡萄果汁	1 杯
芝士粉	50 克	冷开水	1.5 杯
百里香末	适量	鲜辣汁 [1]	2 滴
钙离子盐 [1]	3 克		
海藻酸钠 [1]	2.6 克		
橄榄油	1 小匙		
意式红酱	1 大匙		
蔬菜高汤	1/4 杯		

注 [1]／海藻酸钠、钙离子盐可到商店购买；鲜辣汁可在百货超市购买，也可使用甜辣酱代替。

做法

❶ 热锅后，将烫熟的米粒形意大利面与意式红酱、鲜辣汁、芝士粉、百里香末、蔬菜高汤一起拌炒，焖煮到水收干为止。

❷ 在平底锅中放入橄榄油，热锅后，平铺芝士粉，待上层出现油脂并有扑哧声时，立即将芝士片起锅并关火。

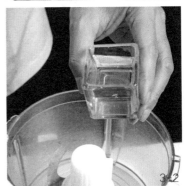

❸ 芝士饼煎好后，使用模具压出圆形，备用。将海藻酸钠与葡萄果汁用果汁机快速搅拌后，静置 30 分钟，将泡沫捞起倒掉，取果汁备用。取钙离子盐与冷开水，用果汁机搅拌后，静置 30 分钟备用。

❹ 将做法 3 的葡萄汁滴入溶液中即成小晶球，将炒好的意大利米形面放上芝士饼，再以小晶球做装饰。

／小秘诀／

芝士饼煎好时，需趁热塑形。

／摆盘／

把小晶球堆叠在食材上方，可更显立体层次。

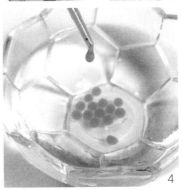

樱花薯豆煲仔饭

食材

紫薯	15 克	腌渍樱花 [1]	少许
红薯	15 克	橄榄油	1 小匙
豇豆	15 克	素蚝油	1 大匙
蕨菜	15 克	酱油	1 大匙
西蓝花	20 克	水	1/2 杯
花菜	20 克		
粳米	100 克	注 [1] ╱ 可到大型超市、商场，	
圣女果	2 颗	或者网上商城购买。	

做法

❶ 将所有食材（腌渍樱花除外）洗净切块，汆烫后一同拌入橄榄油、素蚝油。

❷ 将粳米洗净，加水放入锅内，大火煮开后，转小火续煮约 20 分钟。

❸ 最后将做法 1 拌好的食材放入蒸好米饭的锅中铺平，加入腌渍樱花，与酱油拌匀即可。

╱ 小秘诀 ╱

若家里没有铁锅，可换成不粘锅烹煮。

╱ 摆盘 ╱

尽量选择各种不同颜色的蔬菜摆放至锅中，颜色才会更鲜艳。

以粳米现煮的煲仔饭为底，铺上色彩鲜艳的蔬菜，不仅视觉效果好，更能吃出健康与活力。

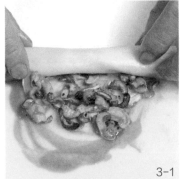

罗勒青酱烤宽卷面

食材

松子	5 克	盐	1 小匙
罗勒	10 克	鲜奶油	1 大匙
蘑菇片	20 克	鲜奶	1 大匙
茭白	30 克	水	1/4 杯
圣女果	1 颗	荷兰豆	适量
意大利宽面	2 片		
番茄酱	1 小匙	**注 1**／可买罐装的大豆卵磷	
大豆卵磷脂 1	1 小匙	脂，各大药房有售。	
橄榄油	1 小匙		

做法

❶ 意大利宽面烫熟备用。

❷ 橄榄油热锅后，将切好片的茭白、蘑菇片用大火爆香，备用。

❸ 将烫熟的意大利宽面抹上番茄酱，放上做法 2 的炒料后卷起，再放入烤箱中烤 3 ~ 5 分钟，烤热即可。将烤好的意大利宽面卷切成大块。

❹ 将罗勒、松子、橄榄油、盐放入果汁机搅打。

❺ 将做法 4 的食材倒入热锅中，加水煮开，做成青酱，与意大利宽面卷一起盛盘。大豆卵磷脂、鲜奶与鲜奶油用打蛋器打泡，淋上即可。

／小秘诀／

意大利宽面汆烫 6 分钟左右，口感最佳！

／摆盘／

最后加上盐烤茭白、圣女果、荷兰豆点缀，即可上桌。

使用打蛋器将大豆卵磷脂与鲜奶打
出的泡沫不仅是装饰，更有降低胆
固醇的功效。本菜品制作方式简单，
家庭主妇可在家试一试。

英伦香草风，美味一点通

文 | Sylvie Wang　　摄影 | 吴金石

食材简单，能品尝出蔬食的原味，
更能由此看出一位厨师烹饪的功力与品位。
香草园的菜品简约却不简单，它隐藏的美妙
滋味就像一本好书，值得你反复品味。

　　陈敏郎从英国回来后，设计出中西合璧的新风味。

　　采访香草园餐厅那天，天空很蓝，香草园的花园则显得更绿了。花圃里的香草都是香草园餐点中的隐形功臣，一道道菜肴看似简单，却层次丰富、酱汁迷人，充满西式的优雅风味。

　　香草园的第一道特色菜是"香草杏鲍菇"，单纯使用一朵一级的杏鲍菇，涂抹上酱料，就能散发出浓郁的香气。其中的关键就在于特调的"香草奶油酱"，老板陈敏郎熟练地混合多种香料，如百里香、罗勒、小茴香、西芹、迷迭香等，与奶油混合后就能产生独特的香味。在家不妨也试着做做看，把香草杏鲍菇简单抹在土司、素食上，就能营造出绝佳的风味。

　　很难想象，香草园的风格是出自厨二代之手。陈敏郎当年受到父亲与妻子的鼓励，决定前往英国学习中西合璧的烹饪技巧，让他烹制的菜品可细腻，也可豪迈。经过数年来不断地钻研与精心改良，他以纯手工的天然食材，做出少油、少盐、无味精、无蛋、多膳食纤维、低胆固醇的健康饮食，成为第一位受英国朴次茅斯（Portsmouth）南方学院邀请的中餐讲师。

　　由于当时在英国吃素的人并不多，因此陈敏郎决定与妻子将充满英式细腻风格的素食带回中国，这成为了美食界的一大传奇。香草园强调一道菜品的食材无须多，而在于巧。以香草取代五辛的爆香方式，让口感更加清爽；而用香草来点缀、陪衬主食，不仅赋予其丰富的层次感，在摆盘上也更加活泼。像"香煎洋菇玉瓜"，就以罗勒叶与奶油爆香，主菜还未下锅，就已闻到浓郁的香气。而甜点"香酥苹果派"的烤苹果与香草堪称绝配，一甜一香，一热一冰，每一种滋味都能瞬间跳出，在舌尖、鼻息释放着独特的香气。

　　"杏焗青酱空心面"中的青酱当然也是香草园的特色。拿一大碗自家种植的罗勒叶，与橄榄油一起放到果汁机中搅拌成泥，再热锅煮开，呈浓稠状，即散发出极为浓郁却又不失清雅的香味，不仅是顾客的最爱，更是他们来此必点的招牌菜品。有时间的话，不妨亲手试做，新鲜的青酱风味，一定会成为你的最爱。

名店／香草园
名厨／陈敏郎

特色

无论是开胃菜还是主菜，全部以蔬菜、水果替代肉食，每一道都像是艺术品，就连餐厅的装潢也能让人感受到一股浓浓的异国风情。

香草奶油烤杏鲍菇

食材

奶油	4 大匙	黑胡椒粉	2 小匙
杏鲍菇	1 朵	百里香	少许
胡萝卜	少许	罗勒	少许
西蓝花	少许	小茴香	少许
玉米笋	少许	西芹	少许
盐	1 小匙	迷迭香	少许

做法

❶ 杏鲍菇对半切开。

❷ 将奶油常温放置，加入少许香草（百里香、罗勒、小茴香、西芹、迷迭香），用汤匙打匀，制作香草奶油酱。

❸ 在杏鲍菇上抹上香草奶油酱，佐上一点盐和黑胡椒粉。

❹ 放入预热 190℃的烤箱中，烤至表皮焦黄即可。

／ 小秘诀 ／

制作香草奶油酱时，将一空锅置于炉火上加热，盛装酱料的容器放在锅中，隔锅加热搅拌，能更加融合奶油酱的风味！

／ 摆盘 ／

杏鲍菇单独放在长盘上略显单调，可加胡萝卜、西蓝花、玉米笋等，与杏鲍菇相辅相成。

以特调的香草奶油酱涂抹在杏鲍菇上，简单的食材能发挥浓厚的迷人风味，给人意外的惊喜。

香煎洋菇玉瓜

食材

白灵菇	2 朵
黄瓜	2 小块
彩椒	2 小片
白糖	1 小匙
盐	1 小匙
黑胡椒粉	1 小匙
奶油	1 大匙
罗勒叶	1 片
油醋汁	1 小匙
白醋	1 小匙
食用油	1 大匙
素蚝油	1/2 大匙
蔬菜高汤 [1]	适量

注 [1] ／蔬菜高汤可使用大量蔬果，例如胡萝卜皮、白萝卜皮、西红柿、圆白菜等下锅熬煮 2 ~ 3 小时制成。

以清脆的黄瓜为主体，加入各种作料，吃起来咸酸爽口。

／ 小秘诀 ／

彩椒可放置于火炉上烤到表皮焦黑，再放入冰水中剥皮即可。

／ 摆盘 ／

在黄瓜上放上白灵菇，变成"小小花园"，增加视觉的丰富程度。

做法

❶ 将黄瓜、彩椒去皮和内心，切成方块，白灵菇对半切。

❷ 将奶油放入煎锅中炒香，再放入做法 1 的材料，加入少许盐、黑胡椒粉、罗勒叶、白糖与蔬菜高汤调味。以小火焖煮，等汤汁收干即可起锅。

❸ 把油醋汁、白醋、食用油和素蚝油搅拌均匀，食用时根据个人口味蘸取即可。

👤1人份

香酥苹果派

简单易做，绝对是小朋友最爱的午后点心。

食材

苹果	半个
酥皮	1 张
香草冰淇淋	1 个
巧克力酱	少许
薄荷叶	少许
奶油	1 大匙
白糖	2 大匙

做法

❶ 苹果切片备用。苹果不需浸泡盐水，香味更浓郁。先将白糖和奶油放入煎锅中，加热至变色后，放入苹果片煎至焦黄。

❷ 将煎好的苹果片置于酥皮中央，下方铺烤纸，再放入预热 130℃的烤箱，烤至表面金黄。

❸ 最后放入香草冰淇淋即可。

／ 小秘诀 ／

白糖与奶油变色后关小火，再放入苹果，使苹果内外均匀受热。

／ 摆盘 ／

以巧克力酱画出自己喜爱的线条，可搭配薄荷叶，使盘饰色彩更加丰富。

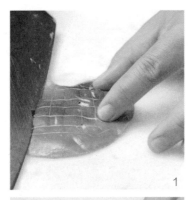

👤1人份
清蒸鲍鱼菇

食材

干香菇	5克	黑胡椒粉	1/2 小匙
胡萝卜丝	5克	盐	1 小匙
姜丝	5克	白糖	1 小匙
笋丝	20克	素蚝油	1 小匙
鲍鱼菇	1朵		

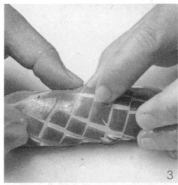

做法

❶ 鲍鱼菇汆烫后晾凉，再将其表面切十字花。

❷ 鲍鱼菇内侧放上干香菇、胡萝卜丝、笋丝、姜丝。

❸ 将鲍鱼菇卷起。

❹ 撒上少许盐、白糖、素蚝油与黑胡椒粉调味，放入
电饭锅中蒸煮 4 分钟即可。

╱ 小秘诀 ╱

将鲍鱼菇表面切十字花，使调味酱料更容易渗透。

╱ 摆盘 ╱

最后淋上数滴素蚝油，可以增加鲍鱼菇表皮的亮度。

鲍鱼菇的十字花纹能使素蚝
油迅速渗透进去，一口咬下
去，汤汁流窜在口中。

新鲜出炉的通心粉加上罗勒的香气再搭配上浓郁的芝士，酱香扑鼻，这样的融合相当完美。

👥 2 人份
香焗青酱通心粉

浓汤做法 1

食材

通心粉	100 克
青酱	3 大匙
野菇浓汤 [1]	半碗
圆白菜	1/4 棵
香菇	2 朵
玉米笋	2 个
西蓝花	少许
胡萝卜	少许
芝士丝	适量

注 [1]／野菇浓汤做法：把金针菇 20 克，圆白菜 1/4 棵，秀珍菇 1 朵，杏鲍菇 1 朵，香菇 2 朵，加入盐、白糖、香菇粉各 1 小匙，面粉、奶油、水少许，牛奶 1 杯，蔬菜高汤 5 杯，炖煮 2 小时即可。

浓汤做法 2

浓汤做法

❶ 将食材中的所有蔬菜切小块，倒入蔬菜高汤。

❷ 倒入牛奶，煮至滚烫。关小火，以面糊勾芡。面糊依奶油、水、面粉 2：1：2 的比例放入果汁机中打匀即可。

空心面做法

空心面做法 1

❶ 将西蓝花、圆白菜、胡萝卜、香菇切丝或小块。把食材与通心粉放至半碗浓汤中，煮至蔬菜半熟，然后放入青酱。

❷ 将食材放入焗烤盘，加入芝士丝，放到预热 190℃ 的烤箱中，烤至表面金黄即可。

／小秘诀／

作空心面时，野菇浓汤不要加太多，当作提味即可。

空心面做法 2

／摆盘／

米黄色的玉米笋在口感与摆饰上都有画龙点睛的效果。

玖

法式柬风料理，比美味更美

文 | Sylvie Wang　摄影 | Thomas K.

以柬埔寨香料融入法式基底为创作手法，
一反人们对东南亚菜品的辛辣印象，
呈现温和平衡的口感。
滋润心脾，成为美味与营养并存的蔬食风格。

　　帅气的法国大厨尼克斯会做一手地道的柬埔寨风味美食。

　　花园这家餐厅极具魅力，每一道菜都令人回味无穷。其原因并非是味道过浓过腻，相反，花园餐厅的菜品如清水芙蓉般天然清淡，但清淡不代表寡淡，清淡而富有层次感是这家餐厅的一大特色。主厨尼克斯赋予每道菜品不同的生命，像是餐厅的名字一般，辨识度很高。所谓辨识度，就是香气。花园餐厅的菜品以法餐为基础，却使用柬埔寨的香料来烹制，如此别出心裁的搭配，碰撞出的美食火花的确非常与众不同。由于大家对这些香料格外陌生，以至于品尝后就深刻地留在了脑中。

　　在开花园餐厅前，尼克斯曾在吴哥窟开了第一家素食餐厅。为了融入当地人的口味，他开始尝试用柬埔寨的各式香料来烹制菜品，结果口感令人惊艳，慕名而来的饕客让餐厅天天爆满。当时，有一位叫露西的客人到餐厅品尝尼克斯做的素食菜品，接着连着好几天中午，她都准时出现，尼克斯因此与她结缘，千里姻缘一线牵。两年多异地恋爱，成为尼克斯来此地定居的主因。定居后，尼克斯把他的柬埔寨风味美食带到了这里，成为了当地餐饮业一道独特的风景。

　　花园餐厅的小花园里，种植了许多可用于烹饪的香草。走进店内，一面橘墙烘烤出法式的艺术气息，像是在反映尼克斯设计的每一道菜品，风味与摆盘都精准到位。

会做一手地道東风料理
的法国大厨尼克斯

一道"吴哥窟风味河粉锅"有别于泰式河粉的酸辣或清蒸口感，以柬埔寨肉桂熬其汤头，口感温顺，淡雅的肉桂香气扑鼻，充满法式优雅风格，结合河粉，又让人感受到热带岛屿的大众小吃。而自制的"柬埔寨咖喱"风味则颠覆了大众对东南亚饮食的酸辣印象，以温柔平顺的香气慢慢带出咖喱风味，搭配新鲜蔬果烹煮，味道极佳。

另一道"香料炖鲜蔬"，则是尼克斯钻研当地香料而调配出的寨地风味，以八角的香气为主角，再加上蒜末、辣椒粉、胡椒与海鲜酱油等，这些香料与法国菜相融合，同样产生了非常美妙的化学变化，口味上少了几分豪放，却多了几分细腻滋味与视觉享受。

身处一地，就将当地的特色香料融入烹饪之中，这就是尼克斯的烹饪特点，这也是花园餐厅的特色和成功所在。

名店 ／ 花园素食餐厅
名厨 ／ 尼克斯

特色

用柬埔寨的香料来烹制法国菜，碰撞出了令人惊喜的美味，无论是哪一道菜品，摆盘与风味都别具一格。

👥 2 人份

柬法沙拉

食材

茼蒿	30 克
胡萝卜	半个
红辣椒	半个
青芒果	半个
小黄瓜	半个
菠萝	1/4 个
盐	1 小匙
黄芥末	1 大匙
糯米醋	1 大匙
橄榄油	1 杯

做法

❶ 取一空碗，先放入糯米醋与黄芥末，再放入盐以及橄榄油，快速搅拌制成酱汁。

❷ 把蔬果均洗净，分别刨丝或切条，一一堆叠到平盘中，撒上少许盐，最后再淋上酱汁即可。

柬埔寨盛产的青芒果，搭配法国的黄芥末，果香与香料使无味的蔬菜变得酸中带甜。

/ 小秘诀 /

做法 2 要先放盐再放橄榄油，酱汁才不会结块。

/ 摆盘 /

摆盘时一层一层堆叠，红辣椒也可换成其他颜色，让沙拉的色彩更加丰富。

🏃🏃🏃🏃🏃 4 人份

姜糖芋头

松软的芋头，吸入饱满的姜糖汁，让甜点充满芬芳香气。

食材

白糖 ¹	750 克	盐	少许
芋头	1 千克		
姜	2 片	**注 ¹**／芋头与白糖的	
水	4.5 杯	重量比例为 4：3。	

做法

❶ 1 千克芋头需要 750 克白糖，将重量称好后，把白糖放入锅中。再放入姜与水，小火煮开，约 5 分钟后即会呈现糖浆浓稠感。

❷ 芋头切大块，放入锅中和糖浆一起焖煮约 40 分钟，芋头呈现松软状即可。

／ 小秘诀 ／

上桌前再撒点盐，会让芋头香更温和，也能提味。

／ 摆盘 ／

可用小碗装适量，在视觉上更精致。

以八角的香气为主角，再加上蒜末、辣椒粉、胡椒粉与酱油，这些香料与法国菜的融合，诞生出别具一格的炖菜风味——融合的法式炖菜风味。

👥 2 人份
香料炖鲜蔬

食材

青木瓜	1/2 个	棕榈糖	3 大匙
白萝卜	1/4 个	八角	2 个
秀珍菇	10 朵	黑胡椒粒	少许
蒜末	1/2 小匙		
辣椒粉	1/2 小匙		
胡椒粉	1 小匙		
海鲜酱油	2 小匙		
橄榄油	2 大匙		
高汤¹	2 大匙		

注¹／可使用各式甜味蔬菜，如洋葱、圆白菜、玉米、西红柿等，熬煮约 2 小时。

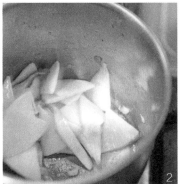

做法

❶ 用橄榄油热锅后，放入蒜末爆香，并加入棕榈糖，以小火慢煮到有焦糖味。

❷ 把切成片状的秀珍菇、白萝卜与青木瓜放入锅中，拌炒软。

❸ 放入高汤及八角、辣椒粉、胡椒粉，再炖煮约 6 分钟，最后加入海鲜酱油即可。

／ 小秘诀 ／

酱油鲜味重，能瞬间提升香气！

／ 摆盘 ／

放上桌前，再撒点黑胡椒粒，能让风味更佳。

以東埔寨肉桂熬出汤头，口感温顺，淡雅的肉桂香气扑鼻，充满法式优雅，与河粉加以结合，让人感受到东南亚风情。

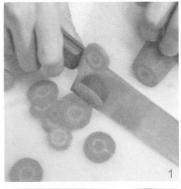

吴哥窟风味河粉锅

👥 2 人份

食材

板条河粉	1 碗	辣椒	1 小匙
秀珍菇	1 碗	胡椒	1 小匙
胡萝卜	半根	橄榄油	2 大匙
豌豆角	4 根	高汤[1]	2 大匙
肉桂	2 根		
盐	1 小匙		
白糖	1 小匙		
酱油	1 小匙		

注[1]／可使用各式甜味蔬菜，如洋葱、圆白菜、玉米、西红柿等，熬煮约 2 小时。

做法

❶ 把胡萝卜削皮，切成薄片，秀珍菇、豌豆角横切备用。

❷ 热锅，放入橄榄油，把胡萝卜片及秀珍菇放入锅中拌炒，并加入盐、白糖、辣椒。

❸ 放入高汤、肉桂与胡椒，炖煮 10 分钟，不用加盖。

❹ 炖煮到差不多后，加入酱油、豌豆角与板条河粉，烧开 1 分钟后即可。

／ 小秘诀 ／

没有肉桂，也可使用肉桂粉代替！

／ 摆盘 ／

可使用陶锅或砂锅盛盘，会更有柬埔寨风味。

👥 2 人份

柬埔寨咖喱

食材

红薯	半个	椰浆	半杯
西蓝花	半个	咖喱酱	1 碗

西红柿块 3 块

苘香　　　1 小匙

白糖　　　1 小匙

橄榄油　　2 小匙

高汤¹　　 2 ~ 4 大匙

注¹／可使用各式甜味蔬菜，如洋葱、圆白菜、玉米、西红柿等，熬煮约 2 小时。

做法

❶ 热锅，放入橄榄油，后放入白糖调味，放入咖喱酱搅拌，再加入椰浆。

❷ 红薯去皮切块后放入锅中，与咖喱酱搅拌。

❸ 加入高汤，然后焖煮。

❹ 焖煮后，再加入苘香、西蓝花、西红柿即可。

／ **小秘诀** ／

焖煮时，红薯需煮到内部软化，约 6 分钟。

／ **摆盘** ／

盛盘后，放上切好的新鲜西红柿，为视觉与口感加分。

以香茅、肉桂、胡椒等多种香料调制的独门咖喱，以温柔平顺的香气慢慢带出咖喱风味，搭配新鲜蔬果烹煮，味道极佳。

传承天下美味，开创新派素食

文 | Sylvie Wang　　**摄影** | Hedy Chang

素食界赫赫有名，
并缔造无数美食奖项奇迹的洪银龙师傅，
拥有 50 年以上深厚的烹饪经验，
他制作的精致套餐闻名全球。

洪师傅拥有 50 年以上的烹饪经验，成为素食界无人不晓之人物。

1987 年法华园开业，至今已迈入第 31 个年头，在中国台湾素食界，法华园的地位无可动摇，这是大家的一个共识，也是众人学习的对象。再来说说法华园里的这位掌厨，其高超的烹调技艺同样令人叹服——炒料下锅后大火喷起，铁铸的炒锅在他手上就像拿笔一般轻松，材料随着手的律动而飞舞，不到 3 分钟，一盘热腾腾的美味佳肴就可端上桌，他就是大厨心目中的大厨——洪银龙。

说起洪银龙的大厨之路，实际上是被"逼"出来的。他小时候家境穷困，小学毕业后没钱上学，就跑到渔港当学徒。所以他最初走进餐饮行业，只是单纯想着不用担心温饱问题。"我还记得，第一天上班吃午饭，我连续吃了三大碗米饭，不用配菜都觉得好好吃。"就是这样单纯的感动，成就了他 50 多年的厨师生涯。

从前学厨很苦，厨房除实施"铁的教育"外，老师傅还会"留一手"。"有一次师傅在做沙拉，我跟师傅说很想学，但师傅总是在最重要的步骤时叫我出门买东西。当时我假装出门，其实是躲在墙后偷偷学，下班后再偷偷去买料来试做，当做出跟师傅一样的味道时，那种喜悦我到现在还记得。"

洪银龙比别人都认真，工作三年后，终于能把自己做出的菜品端给客人。他当时兴奋到连手都会微微颤抖。当看见客人把菜品全部吃光时，他知道自己成功了！自此，洪银龙学会了家常菜、川菜。之后更有六年时间，他被邀请到日本当大厨，所以日本料理、西餐通通难不倒他，这也让他致力推广的素食有了很深的基础。

洪银龙在餐饮界"南征北讨"，在各种比赛上几乎都名列前茅，他更是连得五届金厨奖素食组的金牌。无论什么菜肴，只要是他亲自操刀，就能比别人好吃一点。像是一道"红曲鲜笋"，要让鲜笋多汁的口感小技巧，就是先放入热油锅炸，才能锁住鲜笋毛细孔里的水分；另一道"白果山药"，只有让山药先下锅汆烫，才能保证山药的滑顺脆嫩；而"九重白精灵菇"，只有把精灵菇下油锅炸约 30 秒，才能让菜肴更具韧度与香气。

这些"美味秘诀"都是洪师傅在从业 50 多年的真功夫中累积的经验，洪师傅传授这些经验的目的，就是为了推广素食，推广健康的生活方式，让更多人领略蔬食之美，这成为了他毕生的功课。

名店／法华园
名厨／洪银龙

特色

从自助餐、盒饭外卖、节庆大餐，到府外烩、纤体餐素食烹等一应俱全，但却不减美食的味道，讲究天然食材的设计。也可依据客户需要制作符合他们期望的特色菜品，用"私人定制"来形容也不为过。

以西红柿与鲜笋为主题，设计出一道适合宴会与家庭的菜肴与摆盘，是一件非常有创新性的事情。在口味上，多汁的鲜笋搭配西红柿的酸甜，更能展现菜品清爽的口感。

红曲炒鲜笋

食材

芹菜丁	20克	水	2小匙
西红柿	2个	白糖	2大匙
鲜笋	3根	红曲	3大匙
水淀粉	1小匙	食用油	4大匙

做法

❶ 鲜笋切块备用。

❷ 把西红柿去蒂，切四半后把果肉去掉，依图片所示，顺切果皮至一半处备用。

❸ 把做法2切好的西红柿排成圆弧状。

❹ 热锅放油后，放芹菜丁爆香，再放入红曲、水与白糖。最后放入笋块一起拌炒，起锅前，依口感加入水淀粉勾薄芡即可。

／ 小秘诀 ／

把切好的鲜笋先放进油锅里炸（或滚水烫），可把笋中过多的水分逼出，也能让鲜笋更加清脆多汁。

／ 摆盘 ／

使用西红柿皮摆盘，既美观又实惠，还能增添丰富的口感。

西芹炒魔芋鱿鱼

食材

魔芋鱿鱼	250 克
辣椒块	适量
西芹	2 根
白果	10 颗
白醋	1 小匙
红糖	1 小匙
淀粉	1 小匙
盐	1 小匙
姜末	1 大匙
海带粉	1 大匙
食用油	1 大匙
水	5 大匙
水淀粉	适量

魔芋鱿鱼口感清脆滑弹,是胃肠的清道夫,加上辣椒与芹菜拌炒,是最佳的下饭菜。

做法

❶ 先把西芹、魔芋鱿鱼切块,与白果一起用开水汆烫备用。

❷ 热锅放油后,放入姜末爆香。

❸ 把做法 1 汆烫好的食材与辣椒块一起下锅热炒,加入盐、海带粉、白醋、红糖、水,起锅前再用水淀粉勾芡即可。

╱ 小秘诀 ╱

喜爱吃辣的人,辣椒可以不去籽,这样做会更添香辣度。

╱ 摆盘 ╱

长盘盛装会更有质感。

罗勒炒海鲜菇

罗勒与沙茶酱一起拌炒海鲜菇，整道菜品香气四溢，口感顺滑。

食材

姜	20 克	海带粉	1 小匙
罗勒	20 克	白糖	1 小匙
海鲜菇	300 克	水	1 小匙
辣椒	1 个	沙茶酱	1 大匙
酱油	1 小匙	食用油	4 大匙

做法

❶ 海鲜菇对半切开，辣椒与姜切片。热锅放油后，放入姜片、辣椒片爆香。

❷ 放入海鲜菇拌炒，加酱油、海带粉、白糖、沙茶酱、水调味，最后加入罗勒即可。

╱ 小秘诀 ╱

海鲜菇可在烹饪前先用油炸 30 秒，其口感会更脆、更香。

╱ 摆盘 ╱

堆叠摆盘，色泽鲜艳，层次丰富。

芹菜白果炒山药

食材

芹菜丁	20 克	水	1 小匙
紫山药	1 个	水淀粉	1 小匙
白果	20 颗	食用油	1 大匙
蚕豆	30 颗	姜末	1 大匙
枸杞	少许	酱油	1 大匙
白糖	1 小匙	海带粉	1 大匙
胡椒粉	1 小匙		

做法

❶ 把紫山药削皮切块。

❷ 先把紫山药、白果、蚕豆用沸水汆烫，山药才不会吃起来有刺刺的感觉。水开后加入一些枸杞。

❸ 用油热锅后，放入姜末、芹菜丁爆香，再把汆烫好的食材全部放下锅拌炒。

❹ 放入酱油、海带粉、白糖、胡椒粉、水等调味，起锅前再用水淀粉勾芡即可。

／ 小秘诀 ／

做法 2 加入枸杞，可以让菜品的颜色更丰富！

／ 摆盘 ／

把炒好的菜分列堆叠成小堆，可增加菜肴的精致度。

山药有较高的营养价
值，搭配软滑的白果，
能均衡口感，香甜适宜，
且不使人发胖。

4 人份

橙汁素鱼

食材

青椒丁	20 克	橙汁	5 大匙
黄椒丁	20 克	食用油	5 大匙
红椒丁	20 克	水	半碗
素鱼[1]	1 段	水淀粉	1 小匙
盐	1 小匙		
淀粉	1 小匙	**注[1]**／素鱼，豆制食品，可
醋	1 大匙	到大型商场、超市或网上商
白糖	3 大匙	城购买。

做法

❶ 先把素鱼切段。

❷ 将素鱼下油锅油炸（或用烤箱烤）至表面金黄。

❸ 把橙汁、白糖、水、盐、醋下热锅搅拌均匀，倒入青椒丁、黄椒丁、红椒丁煮熟，用水淀粉勾芡后起锅，最后将素鱼盛盘，淋上酱汁即可。

／ 小秘诀 ／

橙汁可使用橙子原汁代替。

／ 摆盘 ／

把素鱼排齐，酱汁适量淋于其上，旁边再加上少许点缀酱汁即可。

素鱼与橙汁在口味搭配上相得益彰，而每一口还能吃到几种辣椒的味道，更是唇齿留香。

华丽的素食，华丽的美味

文 | Sylvie Wang　　摄影 | Hedy Chang

宽心园是带领中式素食登上华丽舞台的先驱者，
它以简餐、精致的手法呈现蔬食的高贵气质；
它不惜重金推广高级食材，
创造出美食里程中的绿色奇迹。

古建邦师傅为宽心园进行新菜研发与摆盘的厨艺督导。

他正在为宽心园研发新菜品，从口味到摆盘，每个步骤都十分认真，他已站在厨房四个小时。

宽心园一向走中餐路线，对于中菜，大家的想法就是大盘、豪气，在摆盘方面稍嫌不足，而宽心园却大幅颠覆了人们对中餐的印象。很多人第一次来，对菜品从味道到视觉都赞赏有加，更有人说，这家甚至比家常肉菜做得还要精致、好吃。这一切都是老板黄琼莹全力推广的结果。而古师傅则为菜品贡献了无限创意与耐心，任谁吃了都会被其中有形与无形的滋味所感动。

这次推荐的五道餐点，可能未来某天会在宽心园的菜单中出现，但目前则是独家为你呈现。古师傅把脑袋中的美味加以简化，设计出在家易做，美味与华丽兼具的菜品。

也许你会认为，菜谱中的标准菜"客家小炒"有何趣味可言？在古师傅的见解中，越简单的菜品越有难度，"客家小炒"的灵魂食材"豆干"必须先单独煎至两面焦黄，再放秘密武器"鲜味露"下去把它的香气炝出，才能吃到"客家小炒"的嚼劲和香味精髓。湖南菜系"酥炸响铃"，除了把内馅原本的荤肉臊换成素肉臊外，还加上芝士与青酱来增添香气，以黄豆皮包起后下锅油炸，端上桌时会听到饼皮吱吱作响，咬下去时有清脆的"咔嚓"声响，因而得名。看似困难，其实做法十分简单。

而夏天大家家中最爱做的凉拌黄瓜，也在古师傅的巧手下变得极为华丽。把黄瓜刨成薄片，包入自己想吃的青菜，上桌前再淋上主厨特制的酱汁，"五味黄瓜卷"让"一日五蔬"实行起来极为容易。

古师傅会事先画出菜品摆盘，因而实际操作仅花费了很少的时间。"翡冷白玉羹"的味道极好，一开始他会把南瓜与豆腐磨成泥状，平铺在保鲜膜上，包成球后再去蒸，最后倒入翡翠羹中。绿色与黄色的对比，意外地拥有了绝佳的视觉融合效果。蒸好的Q弹的南瓜豆腐为汤头的口感增添了层次，品尝后充满着令人流连忘返的淡淡香气。喜爱中餐的你，快来抢先试试这些新菜品吧！

名店 ／ 宽心园（板桥店）
名厨 ／ 古建邦

宽心园一贯坚持自然、健康、美味、创意、精致的原则，用天然蔬果和新鲜蔬菜，制作出独一无二的素食佳肴。

把黄瓜刨成薄片，包入喜欢的蔬菜，上桌前再淋上主厨特制的酱汁，温和的酸甜滋味让人感到十分爽口。

🧑🧑🧑🧑 4 人份

五味黄瓜卷

食材

山药	80 克	莴笋末	10 克
豆芽	100 克	西红柿末	10 克
杏鲍菇	1 朵	鲜味露	1/2 大匙
香菇	3 朵	香油	1/2 大匙
小黄瓜	2 条	白糖	1 大匙
辣椒末	5 克	固体酱油	1.5 大匙
姜末	5 克	陈醋	1.5 大匙
香菜末	10 克	番茄酱	2.5 大匙

做法

❶ 山药、杏鲍菇、香菇切成条状备用。

❷ 将山药、杏鲍菇、豆芽、香菇烫熟。

❸ 小黄瓜刨成薄片。用小黄瓜片把香菇、山药、豆芽、杏鲍菇卷起，即可盛盘。

❹ 将香菜末、辣椒末、姜末、莴笋末、西红柿末等以及所有调味料拌匀成特制五味酱。最后将特制五味酱淋到黄瓜卷上即可。

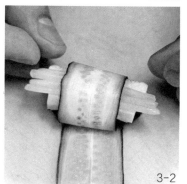

╱ 小秘诀 ╱

五味酱的调味比例要拿捏得宜，才能凸显出各种风味！

╱ 摆盘 ╱

把黄瓜卷堆叠成金字塔形状，方便拿取且卖相极佳。

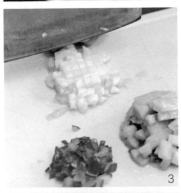

果香黄金茄

食材

菠萝	5 克	香菇粉	1/2 小匙
苹果	5 克	胡椒粉	1/2 小匙
葡萄	5 克	白糖	1/2 大匙
猕猴桃	5 克	食用油	适量
蔬菜浆 ¹	50 毫升	盐	1 小匙
酥炸粉	80 克	果醋	1 大匙
面包粉	100 克	橄榄油	2 大匙
茄子	3 段		
淀粉	少许	注¹／可至商场、超市购买。	
生菜	少许		

做法

❶ 茄子去皮，切成三段后，延着圆弧形顺切。蔬菜浆与盐、香菇粉、胡椒粉拌匀后，平铺于茄子内部，并卷起做成茄卷。

❷ 将酥炸粉调成糊状，茄卷先粘面糊，再粘面包粉。

❸ 把茄卷放入油锅，炸至金黄色即可起锅。将菠萝、苹果、葡萄、猕猴桃切成小丁。

❹ 将做法 3 的水果丁与橄榄油、果醋、白糖均匀搅拌，成为水果酱。将茄卷斜切，与水果酱一起盛盘即可。

／ 小秘诀 ／

茄卷铺料前可先于茄片内部涂抹一层淀粉，让黏度增加。

／ 摆盘 ／

茄卷下可铺生菜，使油炸后的油腻感降低。

去皮后的茄子下锅油炸，可去掉涩味，多了香气，搭配水果酱的酸甜风味，使其成为夏季最佳的开味菜之一。

灵魂食材"熏干"必须单独先煎至两面焦黄，再用秘密武器"鲜味露"将其香气炝出，才能吃到"客家小炒"的嚼劲。

👥👥👥 3 人份

客家小炒

食材

胡萝卜	10 克	辣椒	半个
莴笋	10 克	圆形面包	1 个
腐竹	30 克	胡椒粉	1/2 小匙
芹菜	30 克	白糖	1 小匙
素鱿鱼	40 克	食用油	适量
熏干	2 块	香油	1 大匙
香菇	3 朵	鲜味露	1 大匙
玉米笋	3 个	酱油	2 大匙

做法

❶ 将芹菜、玉米笋、胡萝卜、熏干、腐竹、莴笋切条，香菇、辣椒切片备用。

❷ 将腐竹、胡萝卜、玉米笋、莴笋依次烫熟。烧热油锅，干煎熏干至两面金黄后，加入鲜味露提香，盛盘备用。

❸ 重新热锅后，依次加入香菇、辣椒、腐竹、胡萝卜、玉米笋、莴笋、素鱿鱼拌炒，再加入酱油、白糖、胡椒粉拌炒上色，最后再放熏干、芹菜条。

❹ 然后加入鲜味露与香油，提升菜品香气即可。

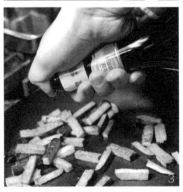

╱ 小秘诀 ╱

先将熏干用油煎过，可增加其嚼劲。用鲜味露可以让香味更凸显！

╱ 摆盘 ╱

把圆形面包挖空，放入炒料，展现创意。

酥炸响铃

食材

黄豆皮	4 张	芝士块	40 克
素肉臊	50 克	面粉糊	少许
生菜丝	少许	食用油	适量
青酱	20 克		

做法

❶ 黄豆皮切成宽长条。

❷ 把芝士块切成小块。

❸ 在黄豆皮靠边缘处包入一匙素肉臊、芝士块与青酱，包成三角形，最后黏结处可涂少许面粉糊包紧。

❹ 最后放入油锅酥炸至金黄色即可。

／ **小秘诀** ／

卷黄豆皮时要注意把内部的空气挤掉，下油锅时才不会起泡或变形。

／ **摆盘** ／

盘中可搭配生菜丝，让视觉更舒畅。

用豆皮包入芝士与青酱后下锅油炸，端上桌时会听到饼皮吱吱作响的声音。一口咬下，口齿间溢满浓郁的芝士香味。

南瓜豆腐蒸好后，口感软滑香醇，搭配翡翠汤头，充满淡香气息。

1-1

1-2

🧍1人份
翡冷白玉羹

食材

素肉臊	10 克	盐	1 小匙
珍珠菇	10 克	香菇粉	1 小匙
南瓜	50 克	高汤[1]	2 大匙
豆腐	半块	白糖	适量
白果	2 个	翡翠酱[2]	适量
香菇末	20 克		
水淀粉	适量	
胡椒粉	1/2 小匙	
香油	1/2 小匙	
淀粉	5 克	

注[1]／使用大白菜、甘蔗、海带、牛蒡与白萝卜下锅炖煮 2 小时以上。
注[2]／翡翠酱做法见 207 页。

2

做法

❶ 把南瓜切块。把南瓜蒸熟后与豆腐一起用过滤网压成泥状，加入淀粉拌匀备用。

❷ 南瓜豆腐泥放置于保鲜膜上铺平，中间放素肉臊、香菇末，包成球状，蒸约 30 分钟。

❸ 在高汤中加入翡翠酱、白果、珍珠菇，并加入香菇粉、白糖、盐、胡椒粉与香油，煮熟后加水淀粉勾芡，即为翡翠羹。

❹ 蒸好后的南瓜豆腐放入盘中，倒入翡翠羹即可。

3

／小秘诀／

蒸南瓜豆腐泥时可用橡皮筋扎紧保鲜膜开口，能固定其蒸好后的椭圆形体。

／摆盘／

翡翠羹汤颜色鲜亮，比海带汤头更加吸引人。

4

美式素食风，西餐也疯狂

文｜Sylvie Wang　　摄影｜吴金石

易居是不多见的美式素食餐厅，
它大大颠覆了人们对于美式餐厅素食的印象；
结合调酒、运动、欢乐的气氛，
它打造出素食乐园的全新感受。

　　主厨施建玮设计的一道道美式素食，兼顾了口味与视觉的五感享受。

　　养生风潮盛起，全球素食化的饮食潮流渐成趋势，颠覆了美式"守旧派"重油、重肉的习性，"素食派"用行动告诉你，素食汉堡很好吃；素食配调酒也很爽快；边吃素食边看体育比赛，更是生活一大享受！

　　易居与宽心园同为老板黄琼莹所创，餐饮风格却相去甚远。眼尖的美国迷一走进易居，一定会被 LED 墙面上的大幅"66号公路"的照片所吸引。这是一条从芝加哥横贯至洛杉矶的主要公路，这条路完整记载着美国 20 世纪的西部拓荒史。黄琼莹推广素食的精神走在时代的前端，宽心园在把素食精致化方面已成为公认的领头羊，现在的易居也选择颠覆美式传统美食，在口味与食材上大胆创新，希望能再造下一个素食经典。

　　来此用餐，是一场奇妙的感官享受，无论是店内招牌"15厘米 EZ 大汉堡"，或是主厨施建玮此次帮读者特制的五道素食餐点，都能给人以耳目一新的感受。先来讲"莎莎蕨菜卷"，这道菜以莎莎酱为口味重点，施主厨刻意简化了莎莎酱的复杂做法，以家庭易取得的食材与调味设计出微酸、微辣、微甜的酱汁，再运用长杯使野蔬卷与莎莎酱完全融合，视觉效果极佳，是开派对时的最佳前菜。

一场热闹的派对，最期待的乃是主食上桌。主人可使用不同种类的面包制作"香料洋菇焗烤面包"，放上香味四溢且色彩缤纷的素食，搭配焗烤出来的金黄色面包，与芝士"扑哧扑哧"的声响搭配，绝对能抓住在场所有宾客的味蕾。另一道推荐主食"黄金酥皮饺"，做法与食材都相当简单。从烤箱拿出，一口咬下，"咔嚓咔嚓"的脆度与柔软的香菇泥内馅相得益彰，满口的清香感能瞬间解除油腻。不仅吃得优雅，更能让贪嘴的人减轻身体负担。

　　还在为家庭派对或朋友聚会做什么菜而烦恼吗？跟易居学习做菜，你将成为众人称赞的最佳主人！

名店／易居
名厨／施建玮

特色

谁说"欢乐""素食"不能交相辉映？谁说："美酒""素食"不会相得益彰？易居颠覆了这一切，它在口味与食材上大胆创新，成为素食餐厅的一个经典。

蕨菜用杏鲍菇卷起，淋上莎莎酱，食用时微酸、辣、甜，它绝对是派对中最佳的开胃前菜。

👥 2人份

莎莎蕨菜卷

食材

红椒丝	10克	蕨菜	100克
黄椒丝	10克	杏鲍菇	1朵
水	适量		

莎莎酱

小辣椒末	3克	洋地瓜小丁	15克
酸黄瓜末	5克	辣酱油	1/2 小匙
香菜末	5克	塔巴斯哥辣酱	1/2 小匙
西红柿	15克	橄榄油	1 小匙
菠萝小丁	15克	番茄酱	3 大匙

做法

❶ 将杏鲍菇切成长片，并用刀划交叉纹路。杏鲍菇、蕨菜、红椒丝、黄椒丝烫熟备用。

❷ 将西红柿切丁备用。

❸ 将辣酱油、塔巴斯哥辣酱、橄榄油等莎莎酱料均匀搅拌，制成莎莎酱。

❹ 把蕨菜、黄椒丝、红椒丝卷入杏鲍菇中，淋上莎莎酱即可。

／ 小秘诀 ／

烫好的杏鲍菇、蕨菜用水冰镇后才会清脆！

／ 摆盘 ／

摆盘时可利用透明长杯，使野蔬卷与莎莎酱完全融合，然后再搭配鲜艳的水果丁点缀，就完成了一道五彩缤纷的美味菜肴。

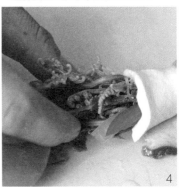

👤👤👤👤👤 5 人份

蜂蜜芥末水果沙拉

食材		蜂蜜芥末酱	
苹果片	20 克	无蛋沙拉酱[1]	2100 克
葡萄片	20 克	蜂蜜	1 大匙
猕猴桃片	20 克	黄芥末酱	1 大匙
胡萝卜	50 克		
玉米粒	50 克		
土豆	1 颗		

注[1]／鲜奶 100 毫升，奶粉 30 克，盐 5 克，白糖 70 克，色拉油 150 毫升，柠檬原汁 150 毫升。先将鲜奶、奶粉、盐、白糖倒入果汁机打 1 分钟，再慢慢地倒入沙拉油，等成糨糊状时，倒入柠檬，拌匀即成自制无蛋沙拉酱。

做法

❶ 将胡萝卜和蒸熟的土豆去皮，切块备用。

❷ 将胡萝卜煮熟，约 15 分钟后把胡萝卜和煮熟的土豆拌成泥，放凉后加入玉米粒。

❸ 最后淋上蜂蜜芥末酱，拌均匀，与苹果片、葡萄片、猕猴桃片一起摆放装盘即可。

淡雅的水果香气与香甜的蜂蜜相得益彰，一道简单的美食就能让你感受到夏日的味道。

／ 小秘诀 ／

玉米粒需等土豆泥冷却后再加入，使用时才不容易变质。

／ 摆盘 ／

沙拉形状无法固定，可使用格盘来固定大小，品相会变得更加优雅。

👤1人份
口蘑浓汤

浓汤营养丰富，气味芳香，浓稠的汤汁加上食材中的小丁，食用后可增加饱腹感。

食材

嫩豆腐丁	50克	蒜片	少许
素火腿丁	50克	盐	1小匙
土豆	100克	鲜奶油	1/2杯
毛豆	200克	蔬菜高汤	3杯
口蘑片	100克		

做法

❶ 把土豆蒸熟后，去皮并切块。把土豆块、毛豆与蔬菜高汤放入调理机并打成汁。

❷ 将做法1的浓汤入锅煮开，放入其他食材和调味料即可。

／ 小秘诀 ／

蔬菜高汤可使用芹菜、胡萝卜、土豆等蔬菜加入海带煮成。

／ 摆盘 ／

盛盘后可加入炒熟的口蘑片或蒜片，盘边上可摆上些许鲜绿色青菜，增加视觉效果。

一口咬下拉丝的芝士与炒料，香味四溢，长面包可替换成全麦面包，提升小麦的香味与嚼劲。

👥 2人份
香料口蘑烤面包

食材

红辣椒	10 克	长面包	1/4 段
黄辣椒	10 克	盐	1/4 小匙
芦笋	20 克	黑胡椒碎	1/4 小匙
香菇	30 克	意大利香料	1 小匙
芝士丝	30 克	橄榄油	1 大匙
口蘑	50 克	千岛酱	2 大匙

做法

❶ 芦笋、口蘑、香菇、红辣椒、黄辣椒切小块备用。

❷ 把长面包对半切开，并抹上千岛酱。

❸ 把切好的菌类与蔬菜下锅，以橄榄油拌炒，再加入意大利香料、盐、黑胡椒碎调味。

❹ 在抹好千岛酱的面包上铺满炒好的蔬菜与芝士丝，放入预热 200℃ 的烤箱内烤上色即可。

／ 小秘诀 ／

长面包可以依照个人口感和喜好选择。

／ 摆盘 ／

可搭配薯条与沙拉，成为地道美式餐点。

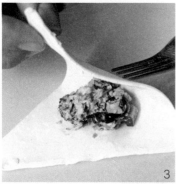

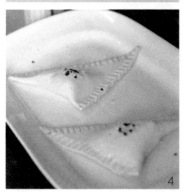

黄金酥皮饺

食材

橄榄	10 克	白芝麻	1/4 小匙
香菇	30 克	意大利香料	1 小匙
西蓝花	50 克	咖喱粉	1 小匙
蛋黄酱	50 克	橄榄油	1 小匙
酥皮	2 张	鲜奶油	1 大匙
生菜	少许	水	3 大匙
黑、白芝麻	1/4 小匙	红辣椒粉	少许

做法

❶ 将西蓝花、香菇洗净后切块。

❷ 酥皮对角切开备用。

❸ 热锅放油后，炒香咖喱粉和意大利香料，加入西蓝花、香菇、蛋黄酱及橄榄拌炒，再倒入鲜奶油、水，等汤汁收干后作为馅料。

❹ 把炒好的馅料铺平在酥皮里，在酥皮边缘刷些水，对折压平。在包好的酥皮上撒些黑、白芝麻，放入预热 160℃ 的烤箱，烤到上色即可。

╱ 小秘诀 ╱

酥皮对折后，可用叉子按压其表面边缘，增加其黏性，也更美观！

╱ 摆盘 ╱

按顺时针方向依序摆放，让酥皮饺如同花瓣般绽放，最后可再加一些生菜与红辣椒粉以增加色彩。

"咔嚓咔嚓"的酥脆外皮
与柔软的内馅相得益彰，
清香绽满口腔。

视觉系美食，诱惑你的感官

文｜王莎利　摄影｜托马斯·青

> 与众不同之处在于摆盘与口味的拿捏得宜，
> 看似单调的素食，
> 道道蜕变为五感俱全的艺术佳品。

晚餐时刻，人正多，SU 的餐桌几乎无空位，男男女女陆续坐在店内点餐、等餐与品尝。店面温暖，是简餐店的装修风格。突然看到一道道充满艺术气息的餐点上桌，于是开始好奇当家的厨艺究竟师承何派。

老板陈宥任亲自下厨，他正在做一道"陈醋拌草莓"。只见他将草莓切丁后，毫不犹豫地撒入黑胡椒粉，并继续搅拌。这是陈老板中学时代移民加拿大后，学厨的外国师傅教他的做法。这样的味道出乎意料地"相配"，黑胡椒少许的辛辣感带出了草莓的层次，也似乎比单吃草莓来得更加香甜可口，让人一试就忘不了。

陈宥任 20 岁时进入加拿大的厨艺学校学习烹饪，启蒙于西餐，却热爱中式菜品。后来他发现了庞大的素食市场从而开始钻研，并在 8 年前开了"SU 素食"，以西餐为背景，加入加拿大的特有食材，也融合了中餐口味，没想到意外受到顾客好评。

中西合璧的菜品能让素食变化多端，但在口味与视觉上取得平衡却是件难事。像"茄香鱼子酱"，它的做法其实并不复杂，但该如何在卖相上加分，就全凭陈宥任深厚的西餐底子。他利用西式派对经常有的"Finger Food"概念，让这道菜展现新意；同时以薄片表现盛盘巧思，让口感与营养兼具。

而"野米生菜包"所使用的野米产自加拿大冰湖区，营养价值高且热量低，品尝起来，比一般的大米多出了茶香与粽叶香，口感筋道、富有嚼劲。陈宥任从加拿大回来后极想念野米的滋味，找了许久，才发现可以在各商场、超市、有机店面买到。也因为其口感独特，香气浓郁，因而不论是当主食，或是搭配沙拉食用，都滋味十足。

"柠檬米布丁"更是一道巧妙融合了中西特色的甜点。它的灵感来自家中剩余的米饭，只需要加入柠檬，再运用香草的魔力，就能创造出全新的外观与风味。而"卡布其诺菌菇浓汤"不乖乖地躺在汤碗中，而是跑进咖啡杯里，还打上一层奶泡，因而多出一种松滑的口感，摆脱了"拿汤匙喝汤"的印象。

极富创意的做菜方式，就像"神农尝百草"，试多了，任何人都能成为大厨。假如你还是初学者，先参考真正大厨的做法，就能让每天的菜品多一点变化！

名店 ／ SU 素食
名厨 ／ 陈宥任

特色

素食的艺术，最时尚的素食餐宴。严选新鲜食材，搭配异国创意料理，兼具健康、环保与美味。

野米富有嚼劲，充满茶叶的香气。不用过多调味，用生菜包裹着大口吃下就十分美味。

👥 2 人份
野米生菜包

食材

野米 [1]	1 杯	
奶酪丝	1 小碗	
腰果	1 小碗	
凉拌时蔬 [2]	1 小碗	
生菜	数片	
盐	1/2 小匙	
橄榄油	3 小匙	
水	适量	

注 [1] ／野米，是进口的美洲菰米的翻译叫法，可在各大超市、商场或网上商城购买。

注 [2] ／青辣椒、红辣椒、黄辣椒切丁，烫熟待凉，也可使用小黄瓜、熟南瓜丁等替代。

做法

❶ 用 1 杯野米搭配 2.5 杯水的比例煮熟后放凉，置入大锅中，并加入准备好的凉拌时蔬和腰果。

❷ 再加入橄榄油及盐。

❸ 均匀搅拌，使味道融合。

❹ 把充分混合的调料放在生菜上，再撒上奶酪丝，即可。

／ 小秘诀 ／

野米只需用水冲洗净，切勿用手搅拌，以免丧失其粽叶香、茶香！

／ 摆盘 ／

使用生菜当呈盘器皿的概念，源自于荤食的餐点"虾松"，使品相既清爽，又易入口。

👥👥👥 3 人份

陈醋拌草莓

食材

法国面包	3 片
草莓	5 颗
黑胡椒粉	1/2 小匙
蜂蜜	1 小匙
陈醋 [1]	2 小匙
迷迭香	少许

注 [1] ／这里用陈年巴萨米克醋风味最佳，可到大型的商场、超市或者网上商城购买。

做法

❶ 草莓去蒂切丁备用；酌量加入蜂蜜；酌量加入陈醋。

❷ 将其余调味料全部加入后，均匀搅拌。

> 撒上黑胡椒粉的草莓味道更香、更甜，拌入陈醋后酸中带甜的滋味，宛如初恋的感觉浮上心头。

／ 小秘诀 ／

搅拌时可加入适量黑胡椒粉，与草莓香甜的口感极为相配！

／ 摆盘 ／

法国面包上铺满香甜的草莓丁，其汁液会被面包所吸收，从而达到完美融合的口感。

茄香鱼子酱

👤1人份

茄子肉剁碎后的外观极似鱼子酱，用奶油拌炒后少了茄子的涩味，口感松软。

食材

茄子	1 个	奶油	1.5 小匙
玉米片 '	4 片		
白糖	1/2 小匙	注 ' / 各大商场、超	
盐	1/2 小匙	市或网上商城均有售。	

做法

❶ 茄子去皮后剁成泥状。把锅烧热，放入奶油，再放入茄泥拌炒至松软。

❷ 酌量加入白糖、盐，与茄泥融合。把茄泥放在玉米片上即可。

/ 小秘诀 /

茄子可直接放在火炉上烘烤，软焦后即能轻松去皮。

/ 摆盘 /

酥脆的玉米片上摆上用茄泥做成的鱼子酱，就是正统的英式吃法。

👤1人份
卡布奇诺菌菇浓汤

食材

香菇	1 朵	松露酱	1/2 小匙
杏鲍菇	2 朵	奶油	1 大匙
口蘑	5 ~ 8 朵	鲜奶油	1.5 杯
盐	1/2 小匙	水	2 杯
红辣椒粉	1/2 小匙		

做法

❶ 把所有菌类切片备用。

❷ 热锅后放入奶油,再把所有菌类倒入锅中,加盐拌炒至焦黄色。把水加入锅中,数秒后即可起锅。

❸ 使用果汁机对锅中的食材进行搅拌,成泥状后倒出。

❹ 倒入鲜奶油,均匀搅拌至浓稠即可。

╱ 小秘诀 ╱

汤品可搭配奶泡,滴上松露酱与红辣椒粉增色,能使其增加爽滑的口感!

╱ 摆盘 ╱

选择用杯子而不用碗,不仅能锁住热气,最后滴入的松露香味也能快速融入汤品之中。

汤品上端加入奶泡,使口感
变得极为爽滑,最后滴上的
松露酱提升了浓汤的风味,
喝上一口,滋味无穷。

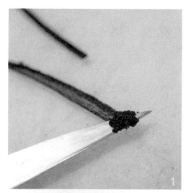

👤1人份
柠檬布丁饭

食材

柠檬	半个	米饭	1 碗
香草荚	1 条	白糖	1.5 大匙
薄荷叶	1 片	鲜奶油	1/2 杯
柠檬皮	少许	水	1/2 杯

做法

❶ 先将香草荚剖半，刮出香草末。

❷ 将柠檬皮磨细末，并准备半个柠檬榨汁备用。

❸ 把米饭倒入锅中，加入柠檬皮末与柠檬汁；倒入鲜奶油和水拌煮。

❹ 最后酌量加入白糖，等水快收干时，放入些许柠檬皮末，倒入杯中，放入电饭锅蒸约 20 分钟即完成。出锅后放上薄荷叶即可。

／ 小秘诀 ／

香草荚可丢入汤锅一起拌煮，以增加香气，最后再取出即可。

／ 摆盘 ／

纯白的米饭布丁上只要搭配一片薄荷叶，就有画龙点睛的效果。

少许柠檬就能引出米饭的香气，让米饭吃起来嚼劲十足，口感相当不错。

异国美食汇，文化与健康兼备

文 | Sylvie Wang   摄影 | Thomas K.

这家饭店素食厅宛如一位熟知饮食文化
且地位崇高的素食学者；
懂吃的人必须再懂健康，
才能够依时、依心、依身体状态，取食有道。

Aqua Lounge 副主厨王嘉豪对于食材的把关相当严格。

从印度、东南亚国家取经，让 Aqua Lounge 无国界菜品体现着广泛且世界性的美食文化。200 多道菜品采取自助式，道道兼具色、香、味，都是师傅与了解世界餐饮文化的洪光明顾问一起研究独创的。他们不仅从美味着手，连设计菜单上都要合乎中国食材"阴阳属性、温寒调和"的概念。除此之外，更结合了印度哲学"悦性"（甜点）、"变性"（食材生鲜时与烹煮后的营养转变）与"惰性"（红肉类、蛋白质）三大理论，再加上洪老师东南亚人的背景，让 Aqua Lounge 的素菜充满异国情调。

Aqua Lounge 的 Aqua 就是"水"的意思。水是健康的来源、生命的源头，更是当今环保人士视为环保与爱惜地球的重要元素。这样的理念与当今推广的有机饮食不谋而合，而 Aqua Lounge 也成为饭店体系中唯一开设以"素菜"为主题的餐厅。2005 年开业时，蔬食风气并未盛行，许多人采取观望的态度，但在王嘉豪副主厨的努力打造下，现在 Aqua Lounge 已成为贵妇与小姐们最爱的饭店之一。王嘉豪对于食材和调味料的挑选相当严谨，绝不使用白糖、盐、化学香料或微波食品。他把大米改成糙米，使用全麦、海盐、黑糖与亚麻仁籽油等食材，并以当季水果入菜，创作出许多创意十足且人气颇高的餐点。

将 *Aqua Lounge* 打造出特
有风格的王嘉豪副主厨

一道开胃菜"西瓜番茄开心果"，就充分表现了 Aqua Lounge 的特色。把清爽多汁的西瓜以烤箱热烤，锁住其甜味与汁液；再堆叠上热炒过的西红柿与西红柿糊，使维生素 C 加热后转变为营养的番茄红素。且由于西瓜性凉，所以主厨特别加上了坚果，以平衡人体需求。此外，洪老师更把制作世界美食的经验带回 Aqua Lounge。一道也门当地的"烤芭乐"，将芭乐丁与蘑菇、洋葱、绿橄榄、茴香等一起入菜，成为凉拌的最佳前菜，颠覆了人们仅将芭乐当作水果的饮食习惯。

Aqua Lounge 的菜品变化多样，品尝者从视觉到味觉都能感受到一连串的惊喜，它将无国界餐饮发挥得淋漓尽致。一道道简单又营养的轻食，相当适合在家动手做。赶快准备好食材，一起来学习饭店大厨的美味创意吧！

名店 ／ Aqua Lounge
名厨 ／ 王嘉豪

特色

崇尚乐享自然的生活态度，将纯粹原味赋予色彩哲学，跳出一般素食给人的印象，质朴滋味透过不凡手艺，转换为各式美味，呈现食物的多变风味。

清爽多汁的西瓜搭配西红柿、
开心果、腰果、红酒醋及橄榄
油，外观精致如甜点，入口后
更有令人惊喜的清新风味。

二西开心果

👥👥👥👥👥👥 6 人份

食材

开心果	1/2 杯	橄榄油	3 大匙
腰果	1/2 杯	番茄酱	1 大匙
去籽西瓜	1 小个	黑胡椒粉	1 大匙
西红柿	6 个	红酒醋	1/2 杯
海盐	1/2 小匙		

做法

❶ 把开心果、腰果一起切碎后备用。

❷ 西红柿去皮切丁。西瓜切成边长为 2.5 厘米的正方形块备用。

❸ 以橄榄油热锅，拌炒西红柿丁；以黑胡椒粉与海盐调味，再放入番茄酱继续拌炒。将已炒好的番茄酱汁涂抹在西瓜上，高度为 2 厘米。

❹ 最后撒上腰果及开心果，并放至烤箱烤 3～5 分钟，淋上红酒醋即可。

3-1

／ 小秘诀 ／

炒西红柿丁时加入一些番茄酱，可防止西红柿丁口感太水！

3-2

／ 摆盘 ／

以单个小盘或长盘摆放皆可，西瓜宜切成零食大小。

烤过的番石榴口感香脆，对半切开后
更是令人惊喜；缤纷时蔬与翠绿的番
石榴交相辉映。亦可将番石榴与内馅
切成小丁，放在萝蔓叶上食用。

番石榴烤蘑菇

👥👥👥👥👥👥 6人份

食材

香菜	2大匙	蘑菇	6朵
茴香叶	2大匙	绿橄榄	半个
洋葱	半个	海盐	1/2小匙
红辣椒	1个	黑胡椒粉	1/2小匙
番石榴	6个	橄榄油	1大匙
萝蔓叶	少许	白芝麻	1大匙

做法

❶ 把蘑菇切片，洋葱、红辣椒切丁，绿橄榄、香菜、茴香叶皆切碎备用。

❷ 番石榴去头，用汤匙挖空。以橄榄油拌炒做法1的食材（除了红辣椒），加上海盐、黑胡椒粉，炒至洋葱软熟，放置一旁待凉备用。

❸ 将炒好的馅料放入整个番石榴中，并撒上白芝麻，放入预热163℃的烤箱，约烤1小时。

❹ 烤好后对半切丁，与内馅均匀搅拌，最后加入生红辣椒丁及香菜作装饰即可。

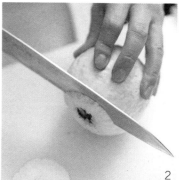

╱ 小秘诀 ╱

挖空番石榴时使用冰淇淋匙会更省力。

╱ 摆盘 ╱

吃法多样，可以直接食用，也可切碎吃，或搭配萝蔓叶食用。

1人份

水果罗勒汤

食材

哈密瓜	50 克
菠萝	200 克
芒果	半个
紫洋葱	1/4 个
柠檬	2 个
猕猴桃	2 个
柳橙	1 片
罗勒	50 克
花椒粉	1/2 小匙
橄榄油	2 大匙
罗望子酱	1 大匙
枫糖	2 大匙
柳橙汁	1.5 杯
红辣椒	1 个

色泽鲜黄且富含多种维生素C的水果罗勒汤，入口后充满了清新酸甜的果香。

╱ 小秘诀 ╱

加入罗望子酱可提升酸甜风味，更有助于消化。

╱ 摆盘 ╱

汤碗可以替换成透明长杯，当作果汁饮用。

做法

❶ 菠萝、芒果各取一半，切片后放入果汁机，加入罗望子酱、枫糖、柳橙汁打成泥，用滤网过滤，放入冰箱中冰镇2小时。

❷ 把余下的芒果、菠萝和柳橙、哈密瓜、柠檬、猕猴桃、紫洋葱、红辣椒切成丁，搅拌均匀后放在冰镇过的果汁上，而后撒上花椒粉。将罗勒与橄榄油用果汁机搅打均匀，过滤叶渣，然后淋几滴在汤上即可。

👥 2 人份
无糖巧克力球

葵花子和黑芝麻打碎后加入椰枣、葡萄干搅打均匀，搓揉成球，外层裹上可可粉，爽滑的口感中带着坚果的香气。

食材

葵花子	3 小匙	草莓	少许
黑芝麻	3 小匙	可可粉	1 杯
椰枣	1/2 杯	融奶油	少许
葡萄干	1/2 杯		

做法

❶ 将黑芝麻与葵花子用料理机打成细碎状，可加入一点融奶油，有利于打细。

❷ 椰枣与葡萄干泡水 1 小时后，沥干，放入做法 1 里的食材中，用料理机搅打均匀。

❸ 最后把做法 2 打匀的食材搓成球状，并裹上可可粉即可。

／ 小秘诀 ／

搓球时最好戴上手套，才不会粘得满手都是。

／ 摆盘 ／

最后再搭配一些草莓，可平衡酸甜口感。

青酱西葫芦面

食材

腰果	20 克	罗勒	1.5 杯
芝士屑	4 大匙	盐	1/2 小匙
西葫芦	1 个	橄榄油	1/2 杯

做法

❶ 西葫芦洗净，以刨刀刨成面条状。

❷ 把 3 ~ 4 条西葫芦条作为一组，卷起备用。

❸ 把罗勒、橄榄油、腰果、芝士屑、盐放入果汁机打匀，变成青酱。

❹ 在西葫芦卷上淋上青酱，撒上芝士屑做装饰。

／ **小秘诀** ／

把腰果先烤过，使其香气更浓！

／ **摆盘** ／

西葫芦去皮切成的薄条取代传统热量较高的意大利宽面，是夏日最佳的凉拌菜。

入口香滑的青酱与爽口的
西葫芦一起食用，营养更
丰富。

细品奢华松露，享受美味素食

文 | Sylvie Wang　摄影 | Hedy Chang

国外餐厅评鉴盛行，
米其林徽章成为了品牌保证；
而老板叶两传挑选出许多本地精良的食材，
做出了宛如米其林的精致菜品。

叶两传引进法国知名老店"松露之家"，食客们可在此品尝到最高档的松露菜品。

松露在一般人看来是一种陌生且遥不可及的食材。两年半前，叶两传将法国具有 200 年历史的"松露之家"引进店面，把这种遥不可及变成了现实。到此用餐，主厨会将新鲜的松露现刨入菜，并通过互动的形式让食客们提升对松露的鉴赏能力。松露的美味加上独特的推广方式，让人们一下子就记住了这种独特的食材。所以从开业那天起，"松露之家"就成为各界名人最爱的餐厅之一。

来到"松露之家"，松露绝对是主角中的主角。挑选来自法国产区的黑松露，食之无味，但香气却相当浓郁，很难用言语形容它的独特香气，只能说这种香气是蕈菇的特有风味，其搭配特定餐点能释放出令人亢奋的香味。所以熟门熟路的食客，来此一定会品尝经典菜"松露炖饭"。炖饭的汤汁能与黑松露的香味完美融合与渗透，尚未入口，满溢的香味已在鼻尖流蹿，放入口中，不用咀嚼，香气早已四溢在味蕾之间；而另一道"松露菌菇面"，手工面条上沾满了奢华的松露酱，再搭配一片现刨的松露片，香气在舌尖上律动，口腔里充满强烈的香味，一口接着一口，彻底让味觉沦陷。

除了经典菜品之外，"松露之家"近期还邀请法国特级大

引进法国知名老店"松露之家"的叶两传老板

厨雷吉斯来到店里，担任"松露之家"的执行顾问。他亲自下乡寻找本地的优良食材，像用牛蒡取代土豆，做成牛蒡泥使用，热量低且风味更佳；茭白则被雷吉斯拿来当作松露片使用，透亮的薄片搭配清新的气味，口味令人惊艳。还有一道"牛肝菌野菇时蔬清汤"，清爽的茭白片搭配浓郁的牛肝菌汤头堪称绝配。其他如有机玫瑰、木瓜等都成为他入菜的重要食材。

　　雷吉斯有"烹饪工艺家"之称，相信他此次来到店里，能让"松露之家"的食材本地化，也能够将本地美食推广至国际舞台。当然，对于我们普通人来说，能够在家享受"松露之家"的美味才是当务之急。那还等什么，赶紧把法国特级大厨的松露菜谱搬回家吧。

名店／松露之家
名厨／雷吉斯·杜伊斯

特色

松露之家此店传承巴黎百年传统，以经典法菜为基调，融入本地食材与人文，是东西方饮食文化融合的典范。

清爽的茭白片与浓郁的牛肝菌汤头堪称绝配，让人回味无穷。

🧑 1人份

牛肝菌时蔬汤

食材

干牛肝菌	5 克	水	1 碗
西葫芦	10 克	盐	1 小匙
大黄瓜	10 克	胡椒粉	1 小匙
西红柿丁	20 克		
茭白片	3 ~ 4 片		

做法

❶ 一碗水搭配 5 克干牛肝菌，小火烧煮半小时，做成汤头。

❷ 大黄瓜、西葫芦切成小块，放入汤头中，以中火滚开炖煮 3 ~ 5 分钟，加入盐、胡椒粉。

❸ 最后再放入西红柿丁、茭白片，转大火煮 30 ~ 60 秒即可。

╱ 小秘诀 ╱

清水中可先加入少许盐与干牛肝菌一起炖煮，使汤头风味更浓。

╱ 摆盘 ╱

汤汁先盛入汤碗，再把食材摆放成自己喜欢的样子。

松露蘑菇酥盒

食材

什锦蘑菇	20 克	橄榄油	少许
春卷皮	1 张	罗勒酱	少许
盐	1 小匙	黄辣椒酱	少许
胡椒粉	1 小匙	红辣椒酱	少许
松露酱	1 大匙		

做法

❶ 往生的什锦蘑菇里加入盐、胡椒粉、松露酱调味。

❷ 把调过味的什锦蘑菇放置在春卷皮中后卷起。

❸ 把卷好的春卷放置于烤盘上，刷上少许橄榄油，再放入预热 200℃ 的烤箱中，烤 6 ~ 7 分钟即可。

╱ 小秘诀 ╱

进烤箱前烤盘也要刷油，春卷皮才不会粘住。

╱ 摆盘 ╱

可搭配少许罗勒酱、黄辣椒酱、红辣椒酱点缀，使颜色更加丰富。

将松露酱与什锦蘑菇放入春卷中焖烤，一切开，浓郁的香味扑鼻而来。

👤1人份

松露炖饭

食材

芝士	10 克
蒜末	1/2 小匙
洋葱末	1 大匙
月桂叶	2 片
新鲜松露[1]	3 片
意大利米	1 杯
奶油	10 克
橄榄油	1 小匙
白酒	1 大匙
蔬菜高汤[2]	2 大匙
松露酱	2 大匙

注[1]／松露好坏可从体型大小、外表是否毁损、质地脆度，和最重要的气味浓郁度来分辨，可切一小片看里面的纹路规则，色泽上越黑越好（黑松露）。

注[2]／使用大白菜、甘蔗、海带、牛蒡与白萝卜等食材加水熬煮约 2 小时制成。

炖饭的汤汁与松露的香味完美融合，尚未入口，香味已经散发出来，放入口中，不用咀嚼，香气早已流散在味蕾之间。

／小秘诀／

干锅炒米是为了让之后炖煮时更容易熟透，不会有外软内硬的口感！

／摆盘／

最后可再刨 3 片新鲜松露置于饭上，增加奢华感。

做法

❶ 用干锅炒意大利米，炒到用手触摸会烫手的感觉即可。放入白酒、蒜末、洋葱末、松露酱、月桂叶，并陆续加入少许蔬菜高汤以小火炖煮。在此过程中要不停搅拌，以免粘锅。

❷ 等水快收干，意大利米的软硬度是自己喜爱的口感时，再加入奶油、芝士、橄榄油与 1 大匙的松露酱即可。

👤 1 人份

松露蘑菇面

> 使用手工宽面可使松露酱完全黏附在面上，面条吃起来有浓郁的松露香味。

食材

什锦蘑菇	50 克
手工宽面	200 克
蒜末	1/2 小匙
洋葱末	1 大匙
食用油	适量
盐	1 小匙
胡椒粉	1 小匙
橄榄油	1 小匙
松露酱	1 大匙
白酒	1 大匙
蔬菜高汤 [1]	1/2 杯

注 [1] ／使用大白菜、甘蔗、海带、牛蒡与白萝卜等食材加水熬煮约 2 小时制成。

做法

❶ 锅烧热后放油，将什锦蘑菇加入盐、胡椒粉，拌炒至金黄色。

❷ 再放入蒜末、洋葱末、白酒、蔬菜高汤与松露酱继续拌炒。

❸ 把手工宽面烫熟，放入炒锅拌炒，起锅前加入橄榄油即可。

／ 小秘诀 ／

最后加入橄榄油可让酱汁乳化，让面条与酱汁更易融合！

／ 摆盘 ／

最后可再刨上 3 片新鲜松露，增加蘑菇面的奢华感。

日式怀石料理，素食新典范

文｜陈亮君、李俞　　**摄影**｜薛展汾

一口诗意，颂尽春夏秋冬四季。
在这里用餐，
是一场集精巧与质感之大成的素食飨宴，
原来吃素，是一种艺术。

Tony 师傅曾在纽约学习烹饪，喜欢挑战如何让蔬菜取代肉食，成为西餐的主角。

来到钰善阁，沿着缓缓旋转而上的木质楼梯，立刻步入充满日式禅意的前厅及包厢。其装潢与摆设都极具质感，低调中呈现出雍容庄重的格局。陈健志最初创立钰善阁时的定位与宗旨，就是要让钰善阁成为素食界的典范，如同"钰善阁"三个字想要传达的信息那般。"钰"拆开来是"金"和"玉"，表示烹饪时千锤百炼、精雕细琢的精神；"善"即为吃素时发出的善念；"阁"则有领导素食文化的意义。

陈健志希望钰善阁不仅给大家提供健康的饮食，更期望钰善阁能够征服大家的味蕾，并让人铭记于心。因此，钰善阁坚持只用天然的食材，坚持通过精心设计与烹调来保留食物的质朴原味，而不同食材间别出心裁的结合与搭配，其目的则是为了取悦那些挑剔的味蕾。最能体现钰善阁风格的，是每道菜的呈现都需经过陈健志的严格把关。所以钰善阁的菜品，从羹品到甜点，都是一道菜品的完美呈现。

当餐厅里，一盘盘精雕细琢的素食美馔让宾客发出赞叹的同时；在走廊的另一端，美味来源的厨房里，三位当家师傅正在流畅地处理食材，做出色香味俱全的佳肴，他们是创造出钰善阁美味菜品的灵魂人物。为了让客人能感受到不同的新意与

享受，每隔一段时间，他们就会研发新菜品。三位师傅各有所长，但他们的共同点是精湛的手艺与精益求精的信念，故能将食材发挥到极致。

赖志和师傅精于日式料理，一道"和风米茄"以炸得松软的米茄为容器，装满了缤纷的蔬菜丁，配上清淡的和风酱汁，如同一艘迷你宝船，承载着美味与营养。而陈建坤师傅的拿手菜"富贵满圆"以魔芋皮包着菠菜与黑木耳，圆圆的外形人见人爱，多汁的内馅口感极为丰富。至于主攻西式餐点的托尼师傅，可以让蔬菜取代肉食成为西餐的主角，一道"起司烤圆茄"，就是当年他在美国学习烹饪时在练习中偶然发现的，展现出无限的创意与巧思。现在就立刻在家中的厨房大展身手，为餐桌添上钰善阁的新创意吧！

名店／钰善阁
名厨／托尼

特色

天然健康的食材入菜，以情境式的摆饰，让客人在用餐的过程中，看着都舍不得吃。

👥👥👥 3 人份

海藻水果沙拉

食材		和风酱	
干燥海藻	10 克	辣油	1/2 小匙
冰块	1 包	芥末酱	1 小匙
饮用水	2 杯	白糖	1 小匙
当季水果丁	少许	香油	1 小匙
芝麻酱	4 小匙	饮用水	3 大匙
		醋	3 大匙
		味醂	3 大匙
		酱油	3 大匙

做法

❶ 将干燥海藻加入饮用水，浸泡 5 ~ 10 分钟（浸泡时间不宜过久）。待海藻完全还原后沥干。

❷ 调和和风酱的所有调味料。

❸ 海藻盛盘，淋上和风酱及芝麻酱。

❹ 最后再撒上当季水果丁即可。

╱ 小秘诀 ╱

浸泡干燥海藻时加入冰块，可使海藻的口感更爽脆。还原的海藻未使用完毕时，可将水分沥干，用保鲜膜将其包起来冷藏。

╱ 摆盘 ╱

可使用白色深盘或沙拉碗摆放，更凸显颜色。

口感冰凉爽脆的海藻与微酸的水果丁，淋上特制的和风酱与芝麻酱，清爽又开胃。

炸得松软多汁的紫茄，满满地装着色彩
丰富的蔬菜丁，搭配清淡的和风酱汁，
让视觉与味觉都获得绝对满足。

炸茄口蘑芦笋汤

👤1人份

食材

辣椒	20 克	酱油	2 小匙
百合	2 ~ 3 片	味酥	2 小匙
紫茄	300 克	水	8 小匙
口蘑	2 颗	水淀粉	少许
白果	5 颗	柚子粉	少许
芦笋块	5 块	盐	少许

做法

❶ 紫茄剖半，背面削去小块，以方便平置。在白色面挖一个小凹槽。

❷ 用 180℃的油锅将紫茄炸至表面微黄，茄体略软。起锅后，用厨房纸巾吸油。

❸ 芦笋及辣椒以斜刀切成 1.5 厘米的小块，和白果、口蘑一起汆烫。

❹ 将做法 3 烫好的食材放到紫茄的凹槽内，上面放上百合。将调味料酱油、味酥放至锅中煮沸，以水淀粉勾薄芡。

❺ 在紫茄上淋上煮好的调味料，再撒上柚子粉即可。

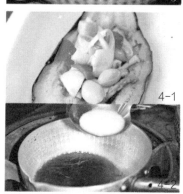

╱ 小秘诀 ╱

炸紫茄前可在切面上撒上少许盐，并将其静置半小时，盐可以将茄子内的苦汁吸出；之后用纸巾将盐和苦汁一并抹去，使茄子的风味更佳。

╱ 摆盘 ╱

可使用白色深盘，可凸显紫茄的盅型造型。

美味素鱼饺

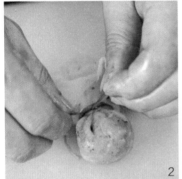

食材

姜末	40 克	香油	少许
黑木耳	300 克		
菠菜	600 克		
丝瓜高汤 [1]	2/3 杯		
水莲	1 小把		
素鱼皮 [2]	6 张		
白芝麻	少许		
盐	1/2 小匙		
白糖	1/2 小匙		
蚝油	1 小匙		

注 [1] ／用丝瓜加水熬煮即可，比例约 1：1。

注 [2] ／魔芋粉加入适当比例的水，浸泡一段时间，经过粗磨和细磨两次精选研磨后，再适当加上千分之三的食用矾水，这样就制成了软韧嫩滑、白中带透的魔芋粉皮，切成长方块后，呈鱼皮状，即素鱼皮。

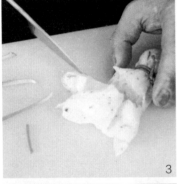

做法

❶ 先将菠菜、黑木耳煮熟泡水，待其冷后切成末，和姜末、白芝麻、盐、白糖、香油、蚝油搅拌均匀，即为馅料。

❷ 素鱼皮抹少许盐，腌出盐渍后备用。将馅料捏成小团，用素鱼皮将其包成圆球。

❸ 以滚水烫水莲（即睡莲嫩茎）10 秒左右，用水莲绑好素鱼皮束口。

❹ 将多余的素鱼皮切掉，淋上丝瓜高汤后，蒸 6 分钟即可。

／ 小秘诀 ／

包馅料之前可以先试味道，依个人喜好调味。

／ 摆盘 ／

使用有点深度的器皿，让丝瓜高汤可以覆盖更多面积。

素鱼皮包着菠菜与黑木耳，圆圆的外观格外讨喜。以丝瓜高汤蒸煮后，外皮松软，内馅多汁，兼顾口感与营养！

茄子、番茄酱与两种香浓的芝士层层相叠，创造出仿佛千层面一般的口感与滋味，浓浓的意式风味，任谁都无法抗拒。

芝士烤圆茄

1-1

食材

帕玛森芝士	140 克	盐	2 大匙
低筋面粉	185 克	番茄酱 ¹	3 杯
面包粉	340 克	黑胡椒	少许
马苏里拉芝士	340 克		
圆茄	900 克		
蛋液	1 杯		
色拉油	1.5 杯		

注 ¹ ／意大利面常见的番茄酱，可以在超市里买现成的罐装酱汁。

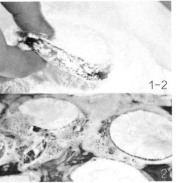

1-2

2

做法

❶ 将圆茄去皮后，切成 1 厘米厚的圆片。将切好的圆茄片依次裹上低筋面粉、蛋液以及面包粉。

❷ 将裹好粉的圆茄放进平底锅里，用色拉油煎至金黄色。

❸ 在陶瓷深盘或烤盘里依次放上番茄酱、圆茄片、帕玛森芝士、马苏里拉芝士，还可依个人喜好撒盐和黑胡椒进行调味。

❹ 在最上层铺上番茄酱，以保持湿润，最后撒上剩余的马苏里拉芝士。然后放入预热 177℃的烤箱，烤至顶部金黄、酱汁冒泡即可。

3

／小秘诀／

圆茄的外皮较硬，可沿圆茄片的边缘以 1 厘米为单位切小口，这样不会影响口感，也可以使用常见的长茄制作这道菜。

／摆盘／

如果想展现如千层面般层层分明的视觉效果，可以在焗烤圆茄后倒扣，将其置于浅盘。

普罗旺斯蔬菜杂烩

食材

蒜末	10 克	蔬菜高汤 ¹	4 大匙
番茄酱	15 克	罗勒碎	14 克
彩椒丁	55 克	盐	少许
蘑菇片	85 克	胡椒碎	少许
西红柿丁	110 克		
洋葱丁	170 克		
节瓜丁	170 克		
茄子丁	230 克		
橄榄油	3 大匙		

注 ¹／用洋葱、芹菜、胡萝卜等蔬菜加水熬煮 40 分钟左右即可，蔬菜与水的比例约为 1：3 或 1：2。

做法

❶ 热锅加橄榄油，用中火将洋葱丁炒至半透明，然后加入蒜末并炒软。转至中小火，倒入番茄酱，炒至洋葱丁颜色变深，后加入适量的盐调味。

❷ 依次加入彩椒丁、茄子丁、节瓜丁、蘑菇片与西红柿丁。需将前一种蔬菜炒软后，再放入下一种，每种蔬菜炒约 2～3 分钟。

❸ 倒入蔬菜高汤后转小火，让蔬菜在里面焖煮，煮至湿润但不至于软烂后即可。

❹ 依各人喜好，以胡椒碎调味蔬菜，最后撒上罗勒碎末即可。

／ 小秘诀 ／

在切蔬菜丁的时候，尽量保持大小相同，这样可以使炒的时间一致。

／ 摆盘 ／

普罗旺斯蔬菜杂烩是一道适合搭配米饭、面食及煎饼的法国平民菜。建议装入酱盅、淋在米饭上或直接蘸酱食用。

以茄汁为主，加入了多种新鲜蔬菜熬煮，将每一种蔬菜的原味浓缩为甜美的汤汁，配上罗勒的迷人香气，不论搭配米饭还是面食，都是绝配！

新式菜品，质感与温馨同在

文｜Sylvie Wang　摄影｜Thomas K.

麟·手创料理的精致菜品，
代表着新一代的创意文化。
地道的当地风味，加上手感十足的艺术盘饰，
吃到的不只是美味，更是新式菜的创意。

当家师傅邱清泽与老板陈兆麟为师兄弟，有着发扬"本土菜精致化"的共同理念。

帐篷里，野台戏正唱到精彩处，后厨的厨师挥舞着锅铲正炒得卖力；炒好的菜品装进盘中，陆续上桌。这是大家熟知的中国闽南地区的办桌文化，轻易勾起了人们对于美味的诠释——大盘菜、热炒香、自然又豪迈的吃法。

提及办桌，不得不提到一些承接专门办桌业务的餐厅，有的餐厅已经有 40 年的外烩历史了。陈兆麟 15 岁就开始掌厨，给家里的餐厅承接外烩帮厨。他手上烹制的菜品，总是特别美味。有一次，他到法国一家餐厅吃饭，探究法国菜的起源与摆盘，引起了他关于本地菜未来如何发展的思考，也成就了"麟·手创料理"的诞生。

"麟·手创料理"的创业艰难，当初大家都在观望。陈兆麟只好不断用行动证明，他把一款平民菜，变成摆盘精致，又不失地道滋味的餐厅高级菜。之后，陈兆麟带着徒弟参加国际美食比赛，并蝉联两届金牌奖，这才建立起大家对"麟·手创料理"的信心。

"麟·手创料理"取自陈兆麟的名字，也是日文"忍"的谐音，代表着办桌文化的精神，吃苦当吃补；谐音意为 Link，更意味着承前启后的本地餐饮业的经典与创意。一道"冬瓜鸡

蛋百合丁"，脱去包装，就是本地的小炒；把家常食材切碎后炒制，创造出丰富的层次与色彩，只是在摆盘时花了一番心思。一道西红柿鸡蛋炒菜花，来自家常菜"西红柿炒鸡蛋"，增加了菜花后，其口味更为独特。即使是家庭主妇，也能在大厨制作的菜品中学会很多小窍门，收获很多。

名店 ／ 麟·手创料理
名厨 ／ 陈兆麟

特色 ／ 使用健康的有机食材，是师傅对于食物的态度。无论厨房的卫生还是用餐的环境，餐厅从整体上传递出来的都是现代人所追求的品位。

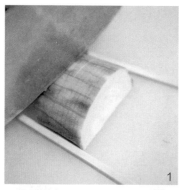

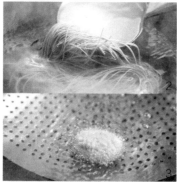

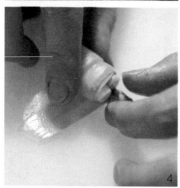

👤1人份

缤纷丝瓜面线

食材

西葫芦	1/4 个	素浆	20 克
丝瓜	1/4 个	芝麻酱	少许
芦笋	1 支	椰奶酱	少许
红面线	1 球	酱油	少许
生菜丝	少许	蒜香酱	少许
蛋液	少许	红葱头酱	少许
面包粉	少许		
食用油	适量		

做法

❶ 丝瓜对剖后横切片，但不要切到底。

❷ 红面线过水烫熟。

❸ 素浆搓成圆球状，裹蛋液与面包粉后，下锅油炸至金黄色。

❹ 西葫芦削皮后保留皮，把烫过的芦笋卷起。

❺ 把做法 1 未切到底的丝瓜摊开铺平，放上面线后即可。按个人口味适量加入芝麻酱、椰奶酱、酱油、蒜香酱、红葱头酱即可。

／小秘诀／

做法 1 中可利用筷子夹住丝瓜两侧，就能轻松避免切到底的情况发生，让丝瓜摊开后呈现完美的花形。

／摆盘／

以长盘摆饰为佳，主食放中间，两边的配菜可用生菜丝装饰。

以各式各样的色彩装点，极度缤纷的开胃小点。以一道丝瓜面线为中主轴，两边以炸素浆与西葫芦卷芦笋为配菜，清爽搭配，适合夏天食用。

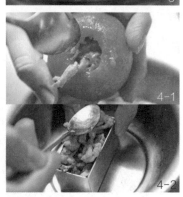

👤1人份

西红柿鸡蛋炒菜花

食材

西红柿	1个	香菇头	少许
鸡蛋	1个	白糖	1小匙
干菜花	少许	番茄酱	2小匙
西蓝花	少许	酱油	2小匙
葱白	少许	食用油	3大匙

做法

❶ 把西红柿挖空，内里切细丁，外部烫过去皮。热锅加入食用油，把鸡蛋炒至滑嫩后起锅。干菜花切碎后汆水。

❷ 爆香葱白，加入西红柿丁炒到出水，再加入白糖、番茄酱，最后再加入做法1的鸡蛋，炒至入味即可起锅。

❸ 热锅后爆香葱白，加入过水后的干菜花、西蓝花一同拌炒，放入白糖、酱油调味后起锅。

❹ 把西红柿炒鸡蛋塞入西红柿中，蒸到发热，把西蓝花放入模具后即可。

╱ 小秘诀 ╱

西红柿烫到皱后容易剥皮！

╱ 摆盘 ╱

使用西红柿为器皿，不仅美观，还能增添香味。

西红柿鸡蛋炒菜花是西红柿炒鸡蛋的"蜕变版"。把西红柿当作器皿蒸出番茄风味，使包在里面的馅料与汤汁浓缩，口感香甜无比。

冬瓜百合鸡蛋丁

食材

食材	用量
冬瓜	600 克
鸡蛋	1 个
大白菜丁	50 克
百合	5 片
蟹味菇	3 小朵
豆苗	1 包
葱白	少许
胡萝卜丁	少许
香菇丁	少许
水淀粉	1 小匙
酱油	2 小匙
蔬菜高汤 ¹	2 大匙
葱油	少许
食用油	适量

注¹ ／可使用圆白菜、洋葱、胡萝卜、白萝卜、西红柿等食材熬煮约 2 小时制成。

炒料以碎丁的形式呈现，蜕变出丰富的层次与色彩，再搭配量身定做的餐盘，让质感瞬间提升。

做法

❶ 冬瓜削圆后挖空烫过，加入蔬菜高汤、少许酱油配色，并加入葱油，蒸约 15 分钟。

❷ 鸡蛋用热食用油炒香备用。热油锅放入葱白爆香后，加入香菇丁、胡萝卜丁、大白菜，拌炒后加入鸡蛋，改小火焖煮。

❸ 爆炒豆苗与蟹味菇，加入水淀粉勾芡拌炒，放上百合摆盘。

❹ 在蒸熟的冬瓜中塞入做法3的炒料即可。

／ 小秘诀 ／

大白菜丁可先烫熟再炒，才不会有酸味！

／ 摆盘 ／

不使用特制的盘子，以平盘盛装也可，可使角度交错，展现丰富层次。

猕猴桃苹果拼盘

👤👤👤👤 4 人份

口感酸甜的猕猴桃与腌渍过的苹果一起食用，满满的水果甜味让人沉浸在幸福之中。

食材

苹果	1 个	菠萝	少量
猕猴桃	4 个	盐水	适量
紫苏	20 片		

桂花酱汁

白糖	5 大匙	红桂花酱	1 杯
白葡萄酒醋	半杯		

做法

❶ 苹果削皮切片后浸泡盐水，将紫苏切半，卷好苹果后用牙签固定。

❷ 把苹果放入煮开后放凉的桂花酱汁中浸泡 2 天。

❸ 将猕猴桃削皮，中间挖空后留底，把腌制好的苹果放入其中。

❹ 菠萝则利用模型塑形后摆盘即可。

／ 小秘诀 ／

苹果刚浸泡在酱汁中后，要在 70℃ 的温度中才更容易入味。

／ 摆盘 ／

模具能把食材压成各种形状，对于喜爱摆盘的人是不可缺少的器具。

以蒸芙蓉蛋为原型，用山药取代常使用的蒸蛋，并用豆皮包料与糯米团炒至金黄，展现出甜、香、咸的完美比例。

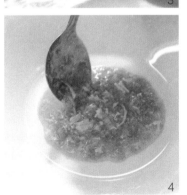

👤1人份

时尚山药蒸南瓜

食材

南瓜蓉[1]	1/3 块
山药	1 块
豆皮	1 片
糯米团	1 个
香菜	适量
红豆	数颗
翡翠酱[2]	3 小匙
花生粉	适量
淀粉	少许
食用油	适量

注[1]／将南瓜去皮、切块，烫熟后捣成泥。鸡蛋加适量水及少许盐打匀，入锅蒸10分钟后，再把南瓜泥铺上，蒸2分钟。

注[2]／水芹150克，芥末20克，沙拉酱35克，白兰地酒10毫升。把水芹尖端叶片柔软部分摘下，切细丝，跟其他食材混拌均匀即可。

做法

❶ 把长宽各5厘米大小的山药中间挖空，放入南瓜蓉，以小火蒸8分钟。

❷ 把红豆包入糯米团中，并裹上花生粉。

❸ 豆皮包入香菜、红豆糯米团后扎实卷起，然后放入油锅炸至金黄。

❹ 盘中放入煮好的翡翠酱，再摆上山药与豆皮卷即可。

／小秘诀／

炸豆皮卷时先蘸少许淀粉，可防止豆皮卷焦黑。

／摆盘／

使用翡翠汤头让盘饰有画龙点睛的效果，口感上也与山药的清爽口感搭配得适宜。